GLASS MATERIAL

萬 用 事 典

漂亮家居編輯部 著

216   CHAPTER 3   玻璃的取得

CHAPTER

1

玻璃的基礎知識

PART 01
玻璃的
製成

室內建築用玻璃的製作方式包含浮法、壓延,而日常用玻璃與室內建築用玻璃其實組成成分不同,透過 5 個玻璃 QA,簡單了解玻璃的製程與基礎知識。

關於玻璃的製成的 5 個 QA

Q1:玻璃的主要構成成分為何?

A:玻璃可區分為建築用玻璃、生活用玻璃,普通生活當中使用的玻璃,主要成份是二氧化矽(SiO_2,即矽砂的主要成份),而通常建築用平板玻璃選用鈉鈣矽玻璃為基底,並添加微量鋁(Al_2O_3)、鎂(MgO),用以提升化學穩定性及減少析晶失透現象。

Q2:玻璃的製作方式大約有哪幾種?

A:現代玻璃製作主要的生產方式有水平式的浮法、壓延法,其中以浮法玻璃(float process)生產量最大。

浮法玻璃為玻璃膏經控制閘門進入錫槽（1000℃）,由於地心引力作用及本身表現張力作用,利用比重差異使玻璃浮於融錫表面上,再進入徐冷槽（550℃）,使玻璃兩面平滑均勻,波紋少而製成。

壓延法（rolling process）,主要生產壓花玻璃,壓花玻璃係用圓形滾筒上雕刻花紋,然後滾壓在玻璃表面上,產生具有紋路的玻璃表面,具有透光不透視的功能,亦可創造各種不同的模糊光移及陰影。

Q3:應用在建材跟一般生活用品上的玻璃,在選擇原料或是製作過程上有什麼不同?

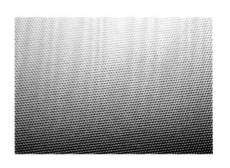

此為採用壓延法製作的壓花玻璃,以圓形滾筒方式滾壓在玻璃上產生紋路。攝影 _ 沈仲達／產品提供 _ 台玻

A:建築玻璃以平板玻璃為主,採用的是鈉鈣矽玻璃,生產過程包含浮法、壓延,一般生活用品玻璃,如食容器,玻璃杯、玻璃瓶等,對於耐熱穩定性的要求相對更高,所以是使用硼玻璃配方,熱脹係數約 33×10^{-7} ／℃,比鈉鈣矽玻璃 87×10^{-7} ／℃低,成品以模造為主。

Q4:為什麼清玻璃會帶有一點綠綠的?

A:由於浮式明板玻璃(又稱清玻璃)最主要的著色來源是鐵(Fe_2O_3),會使玻璃呈現綠色,不過明板玻璃的鐵份組成要求在 0.11%以下,原料上主要會對鐵份含量訂立標準。另外在於生產過程中也要儘量避免帶入機械雜質,如原料輸送過程中,與機械設備摩擦刮損而帶入機械鐵份。

Q5:強化玻璃也會碎裂嗎?

A:強化玻璃表面是一層壓縮應力層,內部則有引張應力層與之對應而保持平衡狀態。當表面的傷痕延伸到內部引張應力層時,就會造成破裂。強化玻璃只要局部受損破裂,就會失去應力的平衡,而引起全面碎裂。強化玻璃破碎會呈現顆粒狀。建議像是天井的頂蓋、天窗、採光天窗等水平或近於水平狀態使用的玻璃,應採取強化膠合玻璃,碎片會黏在膠合膜上,不會飛散,使用上更為安全。

PART 02
玻璃的回收與再製

當我們貼上「易碎玻璃」標籤，送走這些喝完的啤酒瓶、損壞的燈泡燈管、不小心打破的玻璃窗，甚至是摔壞的平板螢幕，你知道這些廢棄玻璃回收後到那裡去了嗎？其實臺灣高科技的玻璃回收技術，將重量重，價值低，丟棄「酒矸倘賣否」回收玻璃，翻身成價值萬倍的「黃金商品」，成為綠建材與藝術品。

廢棄玻璃的永續循環進行式

臺灣每年玻璃回收量約 15 萬公噸，大約是 3 億支 600c.c 酒瓶。玻璃材質的特點是可 100% 回收再用，還可以「原型再利用」，也就是原瓶回收，經過清洗、高溫消毒、滅菌等處理後，進行再利用，重新裝填新產品。除了玻璃瓶罐以外，一般生活中常見的廢玻璃來源，還有平板玻璃、汽車玻璃、燈泡燈管和映像管等。

為了提高回收價值，回收的廢玻璃到廠後，會經過人工初步分類、分色，分為茶色、綠色、透明三類，未分色或分色不佳的成為雜色料（又稱綜合色料）。經過去除雜質等程序後，接著用電磁分選去除鐵質，

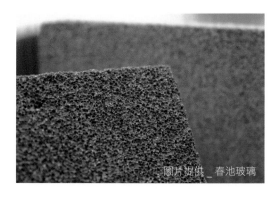

圖片提供＿春池玻璃

輕質節能磚具有隔熱、隔音效果佳、重量輕、抗高溫等特點，通過英國和新加坡的防火認證，每塊重量只有水泥和紅磚的 12.5%。極高的性價比，讓節能磚廣泛應用於建材之中。

再進入機械破碎，然後二次粉碎、洗滌去除有機物，再以震動的方法細篩，經過研磨與熔燒等程序後，最後製成玻璃再生粒料。

晶瑩剔透的玻璃，除了再製玻璃瓶之外，還可轉化成亮彩琉璃、玻璃藝術品。玻璃主要成分以二氧化矽（SiO_2）為主，與一般砂石相同。玻璃再生粒料（俗稱玻璃砂），可以適當地取代一般路面所需添加的部分砂石，較粗糙的作為玻璃瀝青、輕質骨材、水泥連鎖磚、玻璃紅磚等，製成土木、建材及工業的新環保材料建材配料。人行道透水磚散發閃耀光芒的反光顆粒，就是來自於廢玻璃的回收再利用！

圖片提供_春池玻璃

以高溫急冷的熱融合原理，將具有傷害性的破碎廢玻璃成功轉化成五顏六色的「亮彩琉璃」，具有良好的折光率，應用在商業空間、休閒遊園區、殘障坡道、泳池週邊的拼圖、拼花組合，形成光彩奪目的閃光效果。

翻轉逆勢，淬鍊身價翻倍綠建材

相較於塑膠容器在回收高溫熔融時，容易產生劣化現象，只能降級再利用，玻璃是可以百分之百再生再利用，不用降級的材料。每年回收一億公斤廢玻璃的春池玻璃認為，循環經濟應是將廢棄物「升級」再製。臺灣為 3C 生產王國，近年液晶電視與平板電腦風行，帶動大量面板玻璃廢料回收，然而這類 TFT-LCD 玻璃在製程中添加氧化鋁、氧化矽，導致再製時熔點更高，成為耗能而難以再利用的廢棄物。

春池玻璃副總經理吳庭安在強大的庫存壓力之下化危機為轉機，運用所學研發出節能磚。將面板玻璃研磨成粉，加入水泥後進行微米分子化與常溫發泡處理，形成特殊蜂巢結構，讓節能磚具有防火隔熱、隔音、質輕、無毒等特性。每立方米僅重 15kg，遠輕於磚、混凝土及一般輕隔間材料；夏日隔熱耐高溫的效果，有效維持建物室內溫度；更通過台灣 TAF 耐燃一級及內政部防火二小時認證、新加坡 TUV 兩小時防火認證及綠建材標章，成為新一代科技綠能建材。

關於玻璃回收再製的 5 個 QA

Q1：如果玻璃沒有回收，會造成什麼影響？

A：玻璃無法被生物分解，如果玻璃未經過回收妥善處理，不僅會造成掩埋場的沉重負擔；如果不慎進入焚化爐，更會造成爐體損壞的情況。因此需要大家做好玻璃回收，讓循環經濟永續轉動。

Q2：回收玻璃時，我們應該怎麼做？

A：進行玻璃回收時，可將玻璃瓶蓋卸下，並將瓶身清洗乾淨、晾乾，避免油脂、調味料與化學物質殘留，更要留意回收時避免瓷器非玻璃物品混入，依顏色分類也能有助於玻璃回收的品質。

Q3：玻璃重製後，可以有哪些用途呢？

A：除了直接做成容器、平板玻璃成品等，而最頂級細緻的玻璃再生粒料則能成為亮彩琉璃、陶瓷釉料、玻璃纖維、化學吸附劑，以及運用製成土木、建材及工業的新環保材料。

Q4：節能磚應用在建築與室內設計上，還有哪些特性呢？

A：節能磚是回收面板玻璃（LCD Glass）經過篩選、粉碎製成原料，可作成輕質實心牆或乾式隔間實心牆，運用輕鋼構工法，不需要專業工班也可施工。使用簡易輕工具便可做加工、開孔，低噪音、不惱人。施工切割的餘料，可與混凝土混合後成為管路縫隙填充材。

Q5：什麼是「亮彩琉璃」？

A：「亮彩琉璃」是將回收的廢玻璃原料經由機械磨碎，並透過窯燒製程將碎玻璃鋒利面熔合成直徑 0.6–12mm 的圓面粒子，生產出晶瑩剔透、閃亮奪目的玻璃建材。吸水率近乎零，可迅速排水，無毛細孔、不吸附灰塵，經過雨水沖刷，更可歷久彌新、永不褪色，為傳統抿石建築工法增添另一種充滿藝術價值的建材。

圖片提供＿春池玻璃

回收玻璃的處理製程，先經由分色、分類程序。

一般廢玻璃回收再利用製程

分類 → 分色（綠色、茶色、透明）→ 去雜質 → 清洗 → 粗破碎

玻璃再生粒料 ← 篩選（非鐵金屬／塑膠混合物）← 細破碎 ← 磁選（鐵金屬）

圖片提供＿春池玻璃

圖片提供＿春池玻璃

亭菊碗是 W 春池計畫以循環玻璃打造一個讓人珍惜的透明餐具，保留紅色塑膠碗的結構，延續辦桌文化的共同回憶。

HMM 與由春池玻璃的老師傅手工製作，使用回收玻璃製造的 W Glass 玻璃杯，百分之百可再製循環玻璃。W 春池計畫認為，所謂的「美」，並不是只有外觀設計的美，而是每一個微小不起眼的物件背後，所代表的永續價值。

PART 03
玻璃的
選用

透光、清亮的玻璃，是建築與室內皆常使用的材質之一。除了一般常見的透明玻璃（或稱清玻璃）外，另也針對結構、阻隔噪音、紫外線、節能，甚至安全、設計等面向推出個不同樣式的玻璃，接下來就針對這些面向說明玻璃在選購與使用上的考量。

POINT 1 · 依據環境做抵抗側向力、風壓、風雨等測試，提升玻璃使用安全性

林淵源建築師事務所建築師林淵源指出，玻璃用於建築立面、外牆上，對比其他結構材是相對脆弱的，因此安全考量更為重要。再加上台灣位處於地震帶上，以及近年極端氣候頻繁增加，當大樓愈蓋愈高時，地震、風壓、大雨等這些就會影響到玻璃的安全性。他進一步表示，因此在使用玻璃時，會一併納入抵抗側向力結構系統來做評估，檢視玻璃能否承受較大層間變位而不致產生影響生命安全之破壞；另也會依據建築座落環境，進行抗風壓、風雨等測試，進而再選擇適合的玻璃種類、厚度、五金、框料等，甚至就連玻璃的分割尺寸、窗框間距等皆有一定的規範，以避免自然現象帶來的災害或影響。

防患外力因素對玻璃造成的破壞上，除了透過不同的測試系統做檢測外，另也從玻璃本質做安全性的提升。過去常因地震搖晃、高風壓，造成玻璃碎裂，進而傷害到人，為降低玻璃破損後傷害情況，陸續有業者推出強化玻璃、膠合玻璃等，以膠合玻璃為例，其主要是利用高溫高壓在兩片玻璃間夾入樹脂中間膜（PVB）所製成，由於內部的膠膜具黏著力，當玻璃破損後，碎片會黏其上不易飛散，不會傷到人，安全性相對增加。

圖片提供＿林淵源建築師事務所

當大樓愈蓋愈高時且又要使用玻璃時，要一併進行抗風壓、風雨測試，進而再選擇適合的玻璃種類、厚度、五金、框料等。

POINT 2 · 節能玻璃可有效地把熱能阻隔在外，以達節能目的

玻璃百分百的透明性，可讓人的視覺毫無受阻地穿透，同時也將陽光引入，替室內提供良好的採光，但過度的導入光線，亦連帶使得熱能一併進入建築物內，變項提高空調耗能。為了能有效阻絕陽光直接從窗戶照入室內，造成室內溫度的上升，業者從節能角度著手，研發出多種的節能玻璃，包含反射玻璃、Low-E玻璃（又稱低輻射鍍膜玻璃）、膠合玻璃⋯⋯等，有效防止熱能進入建築物內，以達節能目的。

在選擇節能玻璃時，除了依據國家擬定的標章依據外，財團法人台灣建中心曾經針幾種節能玻璃做了評定，其評定標準包含遮蔽係數、可見光反射率、可見光穿透率，也可留意此數值做選購上的參考。遮蔽係數代表玻璃對建築外殼耗能的影響程度，愈低表示玻璃能阻擋室外熱能進入室內之能量愈少；可見光反射率則是指可見光部分照射到玻璃後反射的比例，反射率愈高代表玻璃造成環境光害程度愈大；可見光穿透率代表的是可見光照射到玻璃後穿透入室內的比例，數值愈高代表光轉為有效室內照明的效益愈大。

攝影_江建勳

攝影_江建勳

玻璃百分百的透明性，同時也將陽光引入提供良好的採光，選用時可考慮採用節能玻璃，有效將熱能阻隔在外，以達節約能源。

POINT 3 · 氣密性、厚度與構造決定玻璃的隔音性能

談及玻璃的隔音性，林淵源解釋，與氣密性能的要求有很密切的關係，因為好的氣密效果也能減少噪音經由空氣之傳遞。因此有所謂的氣密窗誕生，窗框經特殊設計，並以塑膠墊片與氣密壓條，與玻璃之間間隙緊密接縫，可產生良好氣密性，另也會搭配多點式扣鎖五金，與傳統玻璃窗戶比起來，更能有效降低噪音與風切聲。

另外，玻璃面材的厚度及構造也和隔音效果有
一定程度的關連性，例如複層玻璃中間具有一
道中空層，一般是以乾燥真空方式或注入惰性
氣體，可有效隔絕溫度及噪音傳遞；另外，由
兩片玻璃組成、中間並以 PVB 樹脂相結合的
膠合玻璃，其在隔音表現上，音波遇到 PVB
層會降低聲音傳導，且 PVB 層具黏著力、不
易破壞，因此還兼有耐震、防盜功能。

攝影＿江建勳

玻璃的隔音性，與氣密性能以及玻璃面材的厚
度、構造等有一定程度密關係存在，好的氣密
效果，或是好的厚度與構造，能阻絕噪音的傳
遞。

POINT 4 · 玻璃表層鍍膜或填縫之膠材的耐久性更是要留心

圖片提供＿林淵源建築師事務所

一般普通玻璃的成分主要為二氧化矽（即石
英），雖然會因其適用性再增添其他成分，例
如碳酸鈉或其他少量元素，但最終經過製作完
成，皆不會在強度、耐久性甚至品質上出現改
變，林淵源提醒，反而是後續在表面做一層鍍
膜加工處理的玻璃，這層薄膜則更是需要留意
本身的耐久性。玻璃鍍膜即是在玻璃表面上一

層薄膜，這層薄膜具有阻隔太陽能，也不容易沾附灰塵，運用在建築玻璃上，除了有助於替
室內降溫、不易沾灰塵、好清潔的特性，也減少建築外觀清洗的難度。值得注意的是，為了
維持建築外歡的整潔性，多半都會進行大樓外牆清洗，若不留心使到無機酸洗劑，易使薄膜
受到化學性破壞，自然縮短使用壽命；外牆玻璃也常受鳥糞襲擊，鳥糞裡含有硝酸成分，這
多少也會影響玻璃鍍膜的耐久度。

除了玻璃鍍膜，一般常用的膠合玻璃、氣密窗等，其填縫之膠材或膠條，在使用一段時間後
易有老化、變質問題，老化、變質耐久度自然不佳，定時要更換才不會間接影響到玻璃。

圖片提供 _ 林淵源建築師事務所

玻璃經過製作完成後，皆不會在強度、耐久性甚至品質上出現改變，反而是後續在表面所做的鍍膜加工處理，這層薄膜則更是需要留意本身的耐久性。

POINT 5 · 從顏色本身到切割組合，玩出玻璃的創意性

為了增加玻璃運用在空間中的設計性，不少業者從顏色本身做變化，增添玻璃的豐富性，也利於設計上做各種的搭配。常見的是將色料加入玻璃中，即所謂的「色板玻璃」，顏色豐富之餘，亦能減少輻射熱的穿透，具節省能源的作用，常被運用於建築外牆、室內門窗上，常見的顏色為：茶色、藍色、綠色……等，在選用時，林淵源建議一定要留意本身建築外牆、室內空間的調性，否則安裝上去後才感覺到突兀或不相襯，既不會替美觀性加分，另也會衍生出其他的困擾。另外一種是從隱私性出發的「不透明玻璃」，如噴砂玻璃、白膜玻璃等，本身具點透光性，同時又兼具視覺隱密效果，用於室內可作為空間屏障，亦能保持透光寬廣感。

在設計表現上，另也有設計者嘗試將切割手法納入，將原本一大片的玻璃做數片的切分後，再結合其他五金、框料等做組成，藉由分割線或五金，相互帶出玻璃的另一種設計美感。

圖片提供 _ 林淵源建築師事務所

圖片提供 _ 林淵源建築師事務所

在選用時，本身玻璃的顏顏色選擇一定要與建築外牆、室內空間的調性相契合，如此一來整體搭配起來才會美觀好看。

PART 04
玻璃加工

玻璃的加工一般可分為「冷加工」與「熱加工」兩類型，冷加工是指裁切、磨光邊、鑽孔、噴砂等不須加熱的處理程序；而熱加工則是透過高溫來進行作業，譬如壓花、強化、熱浸、網印等等。玻璃的特殊處理與強化加工，則增加了玻璃的強度硬度、隔熱節能、隔音等優點，讓玻璃在居家與建築環境的應用上，安全性與舒適度大大提升。

加工 01 · 壓花

當玻璃在被製成素面的平板基材後，透過將玻璃原片加熱，使其在微軟化的狀態時，利用模板以滾壓方式在玻璃表面壓印出紋路，便能讓玻璃表面形成各種花樣紋飾，如直條紋的長虹玻璃，以及方格、水波紋、雲狀紋、錐目紋、海棠紋等各具風格的壓花玻璃。

圖片提供__湜湜空間設計

加工 02 · 切割

透過切割可將玻璃裁切成符合需求的尺寸，切割機主要是透過鑽石刀頭與電腦設定，將玻璃切割出各種基本形狀，如矩形、三角形、圓形或其他形狀，適合運用在直線或較大弧度曲線的玻璃切割。

圖片提供 _ 祥義玻璃股份有限公司

加工 03 · 水刀

玻璃的另一種切割加工方式為水刀切割，其原理是運用高壓水射來切割物質，水刀可保持玻璃邊緣的光滑平順，也能切割出較複雜圖形，可提供 AutoCad 圖檔或由技術人員繪製切割圖，經電腦自動生成加工程序，便能完成各種精細的切割處理。

加工 04 · 磨／光邊

玻璃材質在切割後，邊緣呈現鋒利狀態，經由磨邊機進行磨、光邊的加工處理，使玻璃邊緣達到不割手效果，且經過這道細節處理後，也能為玻璃提升更良好的邊緣線條及整體美感品質。

圖片提供 _ 祥義玻璃股份有限公司

加工 05 · 鑽孔

除了造型需求的鑽孔之外，結構用的玻璃
（譬如大型外牆玻璃等），會依照不同尺
寸、設計來選擇各式五金夾具以固定玻
璃。為了使其結構穩固效果更佳，會事先
將玻璃進行鑽孔加工，而鑽孔大小則依照
五金夾具的尺寸來決定。

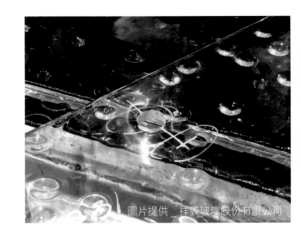

圖片提供 _ 祥義玻璃股份有限公司

加工 06 · 網印

網印玻璃，顧名思義是藉由類似網版印刷
的技術應用在玻璃上。先設計出圖案網版
後，使用陶瓷漆料（又稱釉料），將圖案
印刷至玻璃表面，待靜置乾燥之後，再經
由強化爐將漆料熱融入玻璃表面，最後製
成具有圖案顏色變化的網印玻璃。由於經
過高溫步驟，可使漆料更穩定不褪色，相
較一般室內用的烤漆玻璃能有更多元的圖
案表現也更為耐候。

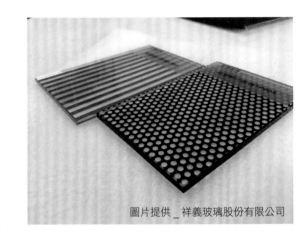

圖片提供 _ 祥義玻璃股份有限公司

加工 07 · 噴砂

玻璃的噴砂加工，是透過噴砂機將空氣壓
縮成高壓氣體，並在高壓氣體中加入金剛
砂，使其噴射吹撞於玻璃，將原本平滑光
亮的表面變為霧粒狀。經過噴砂處理的玻
璃質感呈現霧面、隱約效果，同時光線的
折射、反射也較一般玻璃更柔和。

圖片提供 _ 湜湜空間設計

加工 08 · 強化

強化玻璃的強度是一般玻璃的 4 至 5 倍，其「強化」的加工方式，是將平板玻璃加熱至680～700℃，讓玻璃接近軟化（但未到達熔點），再讓玻璃表面急速降溫冷卻，使壓縮應力平均分布在玻璃表面產生強化效果。強化玻璃若破裂時會碎成顆粒狀，而非一般玻璃的尖銳碎片，可減低受傷的可能性，安全性相對較高。

加工 09 · 熱浸處理

熱浸是針對強化玻璃的一道加工程序，是為了處理強化玻璃內可能存在的硫化鎳雜質成分，以降低未來玻璃自爆的可能性。玻璃在熱浸爐內，其中的硫化鎳會由高溫的 α-NiS 轉換為低溫的 β-NiS，轉換中體積約會有 2～4% 膨脹，若此時正好處於張力層，此成分會在熱浸爐中先爆開，所製成的強化玻璃未來自爆機率便能降低。

圖片提供 _ 祥義玻璃股份有限公司

PART 05
玻璃五金

與玻璃息息相關的五金可包含門、鉸鍊、門鎖，常見的玻璃拉門是藉由吊輪、軌道、夾具和門止等五金，達到左右水平的移動，鉸練的選配則是出現於一般玻璃門、淋浴門片，須針對不同玻璃厚度選擇玻璃西德鉸鍊，另外若是需要安裝門鎖，也必須在玻璃上先預留開孔。

| 玻璃門五金 |

種類 01 · 一般玻璃門裝置

夾具：玻璃屬於高硬性材料，且又不如其他材料（如木料）容易加工，因此，多數靠著「夾」來產生應力，因此更需注意五金的載重限制。

上下包角：包角主要用於玻璃門脆弱四角處，提供強化結構目的。使用包角時，通常還會搭配地鉸鍊，共同讓門產生開合的動作。

鎖具：玻璃拉門上通常也會加裝鎖具，視需求安裝在門的把手附近、靠近天花板的上方，抑或是接近地板的下方處，提供門上鎖緊閉之功能。

攝影 _ 江建勳

種類 02 · 玻璃拉門裝置

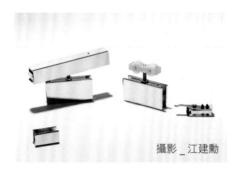

攝影 _ 江建勳

玻璃拉門裝置主要是依靠軌道、滑輪、夾具、門止……等五金構件組合後產生運作。通常玻璃拉門多採使用上輪走上軌形式，因配置下軌有既定溝縫存在，且容易卡灰塵故較少人使用。軌道、滑輪之外，還會有所謂的夾具，則是將門夾住，另外底下會搭配下門止，用來固定門、不產生晃動。

| 玻璃鉸鍊 |

種類 01 · 玻璃西德鉸鍊

攝影 _ 江建勳

適用於櫥櫃門的玻璃西德鉸鍊與木作櫃體所用之西德鉸鍊長得很像，由上往下分別為：鉸鍊杯（即圓凹處）、轉折曲臂、臂身與墊片，兩者最大差別在於鉸鍊杯的造形，由於玻璃開孔僅能開圓孔，因此玻璃西德鉸鍊的鉸鍊杯為圓形。它同樣在轉折曲臂做不同彎曲弧度的設計，讓玻璃門可依度數做不同角度的開啟，另外，它也在臂身上有結合緩衝設計，避免發生閉門時大力回彈碰撞的情況。

| 玻璃門五金 |

玻璃鉸鍊多數靠著「夾」來產生功能，其在房間門的鉸鍊應用又更明顯可見。「玻璃對玻璃鉸鍊」其兩側都為可夾住玻璃的形式，藉由「夾」接合住玻璃；「玻璃對牆」則因其中一邊是鎖於牆面，因此鎖於牆面側為片狀造型，另一邊則是可夾住玻璃的形式。通常玻璃鉸鍊不會單獨使用，因為這樣的支撐點過於低，通常都會再搭配固定座，或是門邊加上框共同使用，以共同強化彼此的支撐性。

攝影 _ 江建勳

| 玻璃門鎖五金 |

玻璃門鎖運用在房間門時，多會選擇含有鎖芯的鎖具，用在淋浴間的則以無鎖芯的鎖具居多。形式上，有鎖具結合把手的樣式，另也有鎖具與門把各自分開的形式，端看需求做樣式上的選擇。再者，因玻璃門片本身材質的關係，鎖具的造型上通常都會做得很精簡、小巧，為的就是降低突兀感。

攝影 _ 江建勳

玻璃門鎖擺放位置普遍配置在把手附近，但也有人為了消弭鎖具的存在感，會將鎖具鎖於靠近天花板的門片上方，抑或是接近地板的下方處。位置配置沒有絕對，仍是要依使用者的身高、習慣等來做最終的考量。

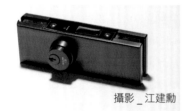

攝影 _ 江建勳

| 玻璃門把五金 |

種類 01 · 雙孔門把

攝影 _ 江建勳

玻璃門把同樣有單孔、雙孔之分,雙孔門把即有兩個鎖孔(另也稱有兩腳)形式的把手。一字型是最常見形式,再從其中做造形上的衍生與變化。

種類 02 · 單孔門把

攝影 _ 江建勳

單孔門把即為單孔鎖的把手,通常多為圓體或球狀造形。同樣也是從球體再延伸另做造型、外觀上的變化,此外也會加入相異材質共同呈現。

| 玻璃門閂五金 |

攝影 _ 江建勳

玻璃門閂與一般門閂作用相同,不會讓門完全鎖上,但能夠讓彼此扣住,達到閉合的效果。在安裝門閂時一定會使用到一些鎖螺絲的輔助工具,要注意的是,使用時力道不要過大,才不會出現使用輔助工具把玻璃門弄壞的情況。

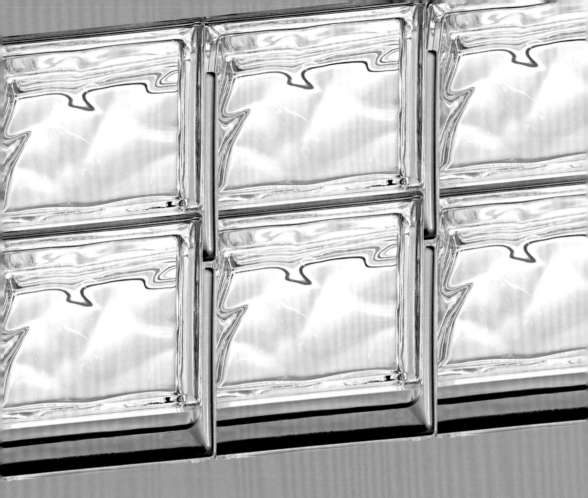

CHAPTER

2

玻璃的應用設計

PART 01
材質
選擇

清玻璃是最常被運用於隔間材料的一個選擇，穿透性強、單價便宜，亦有可夾入 PVB 模的膠合玻璃，豐富色彩讓隔間更有變化，另外像是玻璃磚本身即具有隔音防水等功能；彎曲玻璃則是造型更為獨特，不過燒製過程容易失敗，施工上也應確認好彎曲玻璃尺寸再與其它工種配合。

圖片提供 _ 水相設計

隔間玻璃材比較

種類	清玻璃	玻璃磚	電控玻璃	膠合玻璃	彎曲玻璃
特色	是最普及、經濟效益最高的玻璃，無色具透明感，且未經任何加工處理的平板玻璃，一般稱之為清玻璃，其特性為透明、脆性、不透氣、具一定硬度，主要作為建築中的透光材料，經常被使用於隔間、門、窗，具有百分之百的透視性。	具有隔音、隔熱、防水、透光等效果，不僅能延續空間，還能提供良好的採光效果。	電控玻璃牆可作為空間隔斷、確保隱私之用，也能滿足開放視野的格局需求，用電控玻璃取代實牆隔間，為室內省下更多可利用空間。	利用高溫高壓、在兩片玻璃之中夾入 PVB 膜的玻璃建材，可創作出更多獨特的室內風景。	常見於大樓外觀帷幕、樓梯扶手、大門入口、櫥櫃隔間等等，可加工做膠合彎曲、雙層彎曲處理。
挑選	應選擇適用厚度，做為隔間或置物層板，建議厚度為 10mm，承載力與隔音較佳。	檢查平整度，觀察有無氣泡、夾雜物、劃傷和霧斑、層狀紋路等缺陷。	可從省電性、是否具 100% 防水不漏電的認證、紫外線阻隔率的光學性認證，以及廠商提供的保固期作為判斷標準。	夾膜、黏膠與製作技術是膠合玻璃品質關鍵所在，直接影響使用年限。	彎曲玻璃厚度增加、其最小彎曲半徑也要跟著增加。
施工	清玻璃沒有經過強化，裁切斷面銳利，不小心破裂會形成鋒利碎片，因此裁切時應小心避免割傷。	磚與磚之間採用專用固定支架，再搭配專用填縫劑或是水泥砂漿 1：3 的比例去填縫。	施工速度極快，且沒有裝潢粉塵和刺耳噪音的干擾。	需要使用中性膠黏著固定。	因燒製會有誤差產生，應先燒好玻璃、再實際丈量精確尺寸，讓其它工種量身配合。
價格	約 NT.30 ～ 50 元／才	NT.660 元以上／塊（視品牌差異而定）	NT.1,399 ～ 1,499 元／才	NT.300 元以上／才	以件計價（不含施工）

01 · **清玻璃** | 經濟效益高，穿透性極佳

| 特色解析 |

清玻璃是透過浮式生產的透明玻璃，玻璃膏經控制閘門進入錫槽，由於地心引力及本身表面張力作用浮於熔融錫表面上，再進入徐冷槽，使玻璃兩面平滑均勻，波紋少而製成。由於具有視覺穿透效果，運用於空間中有助於放大空間感，又能引導光線通透，維持明亮性，加上單價較低、兼具經濟效益，是玻璃類建材當中常用於室內設計的一種。

| 挑選方式 |

清玻璃的厚度包含 3mm、4mm、5mm、6mm、8mm、10mm、12mm、15mm、19mm 等，若製作為輕隔間，建議多加一道強化處理，厚度建議可選擇 10mm 或更厚，對於承載力、隔音或是結構來說都較佳，厚度 5 ～ 8mm 適合用來做為櫃體門片，或者單純裝飾用，不過最終厚度選擇仍需視尺寸大小而定。

| 種　　類 |　清玻璃由於製作成份當中含有氧化鐵成份，因此玻璃呈現出帶綠的色澤，因而後續發展出降低玻璃中的鐵含量，以及去除微量的雜色，製造出更清澈透明的優白玻璃，一般清玻璃的透光率大約為 80% ～ 90%，優白玻璃的透光率可達 90%（含）以上。

| 適用空間 |　隔間、門、窗
| 計價方式 |　以才計價（不含施工）
| 價　　格 |　約 NT.30 ～ 50 元／才（連工帶料，依厚度會有價格落差）
| 產地來源 |　台灣

清玻璃與優白玻璃

清玻璃因為含些許的鐵成份，因此從側面看會帶一點淡淡的綠，右方則是優白玻璃，去除微量雜色及降低鐵含量，側面就比較沒有綠色的感覺。攝影 _ 沈仲達／產品提供 _ 台玻

茶玻

綠玻

灰玻

色板玻璃

是以調拌適量色料配方之玻璃膏，並以浮法玻璃生產方法製成，故添加不同色料，就產生不同色板玻璃種類，如茶玻、灰玻、綠玻等等，色板玻璃仍具透視感，但穿透效果降低，想保有適度隱密性，可選用色板玻璃。攝影 _ 沈仲達／產品提供 _ 台玻

| 設計運用 |

清玻璃運用於隔間的設計十分廣泛，針對較沒有隱私性的場域，例如書房、多功能休憩區、臥房內的更衣間與衛浴空間等等，可透過玻璃的通透特性，改善、維持光線的穿透且創造寬敞放大感，若想要保有彈性的私密性，只要加裝捲簾、百葉即可獲得解決，或是結合半高鐵件、木作隔屏作搭配，另一側相對又能增加桌面與櫃體機能。

| 施工方式 |

1. 確認隔間玻璃厚度，再反推計算凹槽所需要的寬度。凹槽寬度要比玻璃厚度寬約 1 ～ 2mm，才能將玻璃嵌入凹槽。

2. 玻璃多由矽利康黏著固定，為加強固定尺寸較大的隔間玻璃，會在隔牆位置天花板處，製作凹槽卡住玻璃固定，防止脫落。

3. 隔牆轉角接合處除可使用矽利康，還可利用感光膠固定。用感光膠固定，看不見膠合痕跡，收邊更漂亮。另外，兩片玻璃的相接處多為 90 度垂直相接，也可以 45 度導角接合。

清玻璃加了特殊貼膜也能呈現多樣的變化性。圖片提供 _ 水相設計

02 · 玻璃磚 | 築一道透心涼的牆

| 特色解析 |

玻璃磚是現代建築中常見的透光建材,具有隔音、隔熱、防水、透光等效果,不僅能延續空間,還能提供良好的採光效果,成為空間設計的利器之一,它的高透光性是一般裝飾材料無法相比的,光線透過漫射使房間充滿溫暖柔和的氛圍。透明玻璃磚給人沁涼的明快感,且搭配性廣,沒有顏色的限制。玻璃實心磚的彩色系列可以讓空間有華麗晶瑩的氛圍,並能跳色搭配,設計出想要的空間質感。

| 挑選方式 |

挑選玻璃磚時,主要是檢查平整度,觀察有無氣泡、夾雜物、劃傷和霧斑、層狀紋路等缺陷。空心玻璃磚的外觀不能有裂紋,磚體內不該有不透明的未熔物。有瑕疵的玻璃,在使用中會發生變形,降低玻璃的透明度、機械強度和熱穩定性,工程上不宜選用,但由於玻璃是透明物體,在挑選時經過目測,通常都能鑑別出品質好壞。

基本款玻璃磚

透明玻璃磚給人沁涼的明快感,且搭配性廣,沒有顏色的限制。圖片提供 _ 櫻王國際

| 種　　類 |

市面上玻璃磚分為國產與進口，國產玻璃磚近期由方尹萍建築師協助春池玻璃共同開發而成，以回收玻璃再利用的永續理念生產出冰鑽玻璃磚，玻璃塊模子內層擁有立體切割面，可折射出放射狀的光芒，玻璃磚的生產過程中也因為添加酵素成分，創造出特殊的大量氣泡。進口義大利玻璃磚則包含有一般玻璃磚、金屬塗層玻璃磚，以及造型特殊的梯形玻璃磚、表面擁有 3D 立體效果的多立克磚，甚至有適用於挑空的水平磚，與顏色豐富的實心磚，不論是哪一種形式的玻璃磚，皆可因折射為空間帶來柔和與朦朧感。

多立克磚

由普立茲建築獎建築師 Rafael Moneo 設計，仿古代羅馬 Doric 柱頭，其特色為連續環狀凹槽，以 3D 立體效果呈現於玻璃磚表面，是世界上第一款 3D 立體造型的玻璃磚。 圖片提供 _ 櫻王國際

鑽石磚

擁有菱形的不規則切割面，剖面高度約 20 公分，是一款風格強烈的玻璃磚。圖片提供 _ 櫻王國際

冰鑽玻璃磚

由方尹萍建築師與春池玻璃共同研發的玻璃磚，氣泡加上內部的立體切割面，可折射出放射狀的光芒效果。圖片提供 _ 方尹萍建築設計

| 設計運用 |　玻璃磚沒有風格上的限制,可與清水模、紅磚、石材、木作等建材搭配,皆無違和感,更可進階在玻璃磚內結合氣密窗、推開窗、方格磚、金屬構件造型框搭配堆砌使用,其折射感加上優美的透明度,反而可增加視覺上的美感。

| 適用空間 | 隔間、裝飾牆　　　　　　　　　　　　　　| 價　　格 | NT.660 元以上／塊
| 計價方式 | 以塊計價（不含施工）　　　　　　　　　　　　　　　　　　　（視品牌差異而定）
　　　　　　　　　　　　　　　　　　　　　　　| 產地來源 | 台灣、義大利、捷克

| 施工方式 |

1. 冰鑽玻璃磚在設計時已做好上凸下凹的形式,施工上僅需一塊一塊疊磚,同時玻璃磚塊體中間也預留好圓形開孔,當牆體超過 150 公分以上,可加上不鏽鋼棒增加結構性,最後再以矽利康填縫。由於每塊冰鑽的氣泡不全然一致,疊磚前可先於現場試排。
2. 義大利進口玻璃磚常見做法是磚與磚之間採用專用固定支架,再搭配專用填縫劑或是水泥砂漿 1：3 的比例去填縫。
3. 單一開口砌磚面積不建議超過 15m² 堆砌高度不建議連續砌築 3 米,畢竟台灣地震多、颱風多,若要大面積應用勢必要整體評估去檢討抗風壓及耐震等。

位於台北大直的英迪格酒店，為知名建築師姚仁喜設計，利用玻璃實心磚設計的柱面與屋簷形成三角形意象，呼應建築語彙。圖片提供_櫻王國際

餐廳與臥房之間的隔間牆局部選用冰鑽玻璃磚砌成，讓玻璃的特殊物理性，創造人與空間、光與空間的互動性。圖片提供_方尹萍建築設計

03 · 電控玻璃 | 智能調光的輕隔間

| 特色解析 |

喜歡開放視野的空間感,但偶爾也想多些隱私性,難道一個空間就只能有一種隔間表情嗎?這是不少業主在空間規劃時遇到的兩難問題,也是電控玻璃的研發初衷。智能調光玻璃是透過智慧電控的方式,讓玻璃隔間可在瞬間從透明切換到白霧,提供隱私美學空間,亦可輕鬆取代傳統隔間牆、窗簾、百葉窗。與坊間許多貼模式的工法不同,電控智能調光玻璃是直接在兩片玻璃中間,以夾層方式將光學液晶體導電膜採用膠囊式封裝膠合製成,因此更安全、耐用,且具有防水、不漏電等優點,即使安裝於浴室及廚房等潮濕空間也沒問題,而且無時效性,是屬於一種永久建材。

| 挑選方式 |

電控玻璃在未通電時玻璃內的液晶分子呈不規則散佈,因此為白霧狀態,通電後液晶分子整齊排列,光線可順利穿透則使玻璃轉為透明。因此,只須切換開關的瞬間就可以變化牆面的通透與否。如何挑選優質電控玻璃產品,專業電控玻璃品牌雷明盾創新玻璃建議選購時不妨從以下以個原則來作判斷。

1. 省電性。
2. 100% 防水不漏電的認證。
3. 紫外線阻隔率的光學性認證。
4. 廠商所提供的保固期。

| 種　　類 |　　市面上還有一種與電控智能調光玻璃類似的產品，就是直貼
式的電控調光玻璃膜，同樣具有可通電調光的功能，但是這
類產品在浴室、廚房等潮濕環境中，恐有貼膜分離、甚至漏
電問題產生，清潔保養時也要格外小心，避免因擦拭造成刮
損，或施工不慎會有氣泡現象，最重要的是直貼式調光膜屬
於耗材型，局部損壞就需要換新；因此，若預算許可還是以
永久耐用的膠囊式液晶體導電膜智能調光電控玻璃為上選。

| 適用空間 | 壁面、投影牆、白板牆
| 計價方式 | 以才計價（不含施工）
| 價　　格 | NT.1,399 ～ 1,499 元／才 (此僅為牌價，專案另有優惠或特殊尺寸另行報價)
| 產地來源 | 台灣

 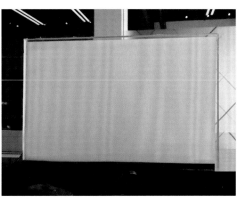

電控玻璃只需切換開關的瞬間，就能讓玻璃從通透到隱蔽。圖片提供 _ 台煒有限公司 雷明盾創新玻璃

電控玻璃有放大空間感、引光入室，提供空間採光性及通透性，紫外線阻隔率 ≧ 99%。圖片提供 _ 台煒有限公司 雷明盾創新玻璃

| 設計運用 |

電控玻璃可快速變換隔間隱私與開放性，對於有多功能需求的會議室、醫療診所等空間，電控玻璃隔間可說相當適合。另外，因空間有限，希望能一房多用或小房間、小浴室等場所也很適合選用；而針對採光不佳的空間，電控玻璃隔間可減少實牆阻擋，避免自然採光受阻，並能放大空間視覺。當然，電控玻璃牆還可作為背投影應用，提供辦公室會議簡報牆，或居家投影大螢幕使用。其它如家人有過敏體質，也可用電控玻璃隔間取代窗簾，減少塵蟎。

用電控玻璃做隔間，施工速度極快，且沒有裝潢粉塵和刺耳噪音的干擾，也省去了貼磁磚等雜七雜八的費用，玻璃材質更加節省牆壁空間，讓室內空間更寬敞，又充滿高科技生活的美感。電控玻璃施工的安裝作業流程大約如下：

用電線路溝通→丈量尺寸→仔細檢查線路→清理溝槽→安裝玻璃→接通電線及測試→清理牆面→防震墊層作業→矽利康固定作業→測試遙控與觸控的智能調光效果→清理現場→收尾清潔玻璃。

電控玻璃未通電時呈現白霧狀，提供空間隱私美學，通電後則為透明牆，適合各種住宅及商業室內隔間，也可做背投影及白板牆。圖片提供_台焊有限公司 雷明盾創新玻璃

04 · 膠合玻璃 | 美觀、功能齊備的泛用「三明治」建材

| 特色解析 |

膠合玻璃指的是利用高溫高壓、在兩片玻璃之中夾入 PVB 膜的玻璃建材。由於現在技術進步，膠合玻璃就如同製作「三明治」一樣，外側「麵包體」可隨性選擇各種厚度的清玻璃、噴砂玻璃、彩色玻璃、鏡面等等，而「內餡」更是五花八門，包括光膜、色膜、金屬、鐵紗、宣紙、布料等等都可以納入考量，創作出更多獨特的室內風景。

| 挑選方式 |

膠合玻璃最怕中間滲水、空氣進去導致膠膜脫落、夾材變質，這樣整體隔間、門片就得拆除重來、無法補救，所以夾膜、黏膠與製作技術是膠合玻璃品質關鍵所在，直接影響使用年限。好的膠可防水、具備高透明度與戶外使用，所以要慎選玻璃廠商保障自身權益。

現在的膠合玻璃能透過選擇各類造型平板玻璃內夾色膜、宣紙、金屬等不同材質，讓隔間、門窗擁有更多設計變化，與其他建材區分出獨特、無可取代特性。攝影＿沈仲達／產品提供＿台玻

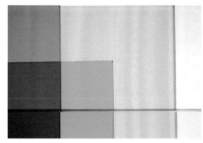

| 設計運用 |　膠合玻璃因為兩片玻璃皆緊密附著於強韌、黏性佳的薄膜上，所以被擊破時碎片不會飛濺四散，保障日常使用的安全性；同時因夾膜關係，膠合玻璃同時具備隔音與阻隔紫外線功能。此外，可透過兩片玻璃變化，與中間夾膜、材質巧妙組搭，彈性與各式建材配合、滿足設計需求。

| 施工方式 |
1. 膠合玻璃施工安裝時需要使用中性膠黏著固定，絕不可以接觸酸性膠，原因是酸性膠會腐蝕膠合玻璃中間夾膜膠，破壞其黏性、導致玻璃與中間介質分離、變質。
2. 膠合玻璃用於戶外採光罩時，最基礎的 5mm+5mm 清玻璃膠合已經具備相當重量、至少需要兩位師傅搬運施作，建議在骨架上貼上緩衝泡綿，避免玻璃直接與金屬框、五金接觸。

| 適用空間 | 外牆、隔間、門窗、採光罩
| 計價方式 | 以塊計價（不含施工）
| 價　　格 | NT.300 元以上／才
| 產地來源 | 台灣

可觀察玻璃外觀是否有裂紋、脫膠現象，同時事先詢問廠商其中間膜、膠質使用耐用性，做為室內建材使用考量。圖片提供 _ 安格士國際股份有限公司

05 · 彎曲玻璃 | 堅硬卻柔軟——抹去稜角的工藝結晶

| 特色解析 |

彎曲玻璃是將玻璃放置於模具上加熱，溫度升高軟化後令其隨著本身重量而彎曲，最後徐徐冷卻後成型。常見於大樓外觀帷幕、樓梯扶手、大門入口、櫥櫃隔間等等，可加工做膠合彎曲、雙層彎曲處理，視成品尺寸與設備限制，部份可做強化處理，且燒製工續越多、損壞率也會提高，需將時間與材料成本考量進去。

| 挑選方式 |

彎曲玻璃厚度增加、其最小彎曲半徑也要跟著增加。板材除了要選擇無氣泡、無雜質的優質玻璃外，可視需求加入花色如清玻璃、色板玻璃、半反射玻璃、烤漆玻璃等變化。彎曲強化玻璃強度可達一般彎曲玻璃的 3 ～ 5 倍，使用上較為安全，但會受限於廠商機台尺寸，所以在設計製作前可先行詢問。

彎曲玻璃燒製是利用30mmX30mm鐵方管做模具，將玻璃放置其上，於內側加熱至玻璃軟化塑型。微笑線弧度是順彎，另外可倒過來做背彎燒製。圖片提供 _ 硬是設計

| 設計運用 |

彎曲玻璃常見於居家大型櫥櫃、隔間，用於導引動線、柔和視覺效果，為方正的立面邊緣銳角帶來更多緩衝與多變性，是木工施作外的另一個選擇。玻璃可搭配色板、磨砂等不同款式做多元變化，令成品更加輕盈，且附帶透光、透視效果，減輕大型量體帶來的壓迫感。

| 施工方式 |

1. 彎曲玻璃需先提供設計尺寸圖與廠商討論製作可行性與費用，因為訂製造型有時會因彎曲半徑、整體尺寸導致設備無法配合而不能製作。

2. 一般現場是泥作、鐵工師傅先做好相關作業才請玻璃業者進場丈量製作配合，而彎曲玻璃卻得相反過來，因燒製一定會有誤差產生，所以先燒好玻璃、再實際丈量精確尺寸，讓其它工種量身配合。

3. 每次燒出來的玻璃都會有些許不同，訂製彎曲玻璃若想做兩片膠合處理，得先考慮可能出現的成品誤差導致無法密合，預留數量會比較保險。

彎曲玻璃需先繪製設計圖面，加註尺寸與弧角，與廠商進行討論可行性。一般來說，長度在 120 公分內的彎曲玻璃，弧角可以較小，一旦超過 180cm 長度，廠商通常只接受 R 角最低半徑 250mm 的弧面訂製，因為失敗率很高、無法保證成功。圖片提供 _ 硬是設計

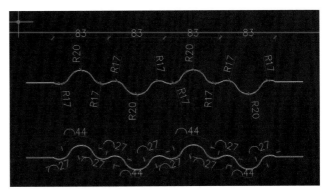

順彎燒製方式因為加熱源在內側，所以內側容易出現不平整的疙瘩，若是背彎燒製則是會出現條紋痕跡。圖片提供 _ 硬是設計

彎曲玻璃每次燒製出來成品皆有些微差異，所以現場需等玻璃完成後，丈量正確尺寸再行施作相關作業。圖片提供 _ 硬是設計

彎曲玻璃設計為門片、隔間牆時，最好透過木工或鐵工邊框搭配軟墊作緩衝，避免造價不菲的曲面玻璃邊角不小心撞擊損毀，造成日常使用上的安全顧慮。圖片提供 _ 硬是設計

PART 02
隔間設計與
施工關鍵

玻璃隔間最大的優點是可以增加視覺延伸、光線的通透，隔間框架多半是以鐵件或是木作為主，作為全隔間形式時，可以用矽利康灌注固定，或是玻璃先嵌在天花板、地坪上的溝槽，會更為穩固，另外如玻璃磚則是可利用整磚或是混材手法收邊。

○ 嵌 5mm 強化清玻
○ 嵌 5mm 強化烤漆玻璃

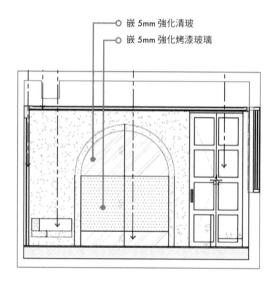

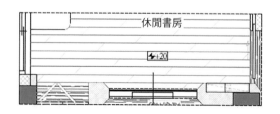

休閒書房

$+20$

設計手法 01 · 弧形玻璃框出甜蜜生活窗景

運用範圍：隔間

玻璃種類：清玻璃

設計概念：2 樓為新婚夫妻屋主二人的主要活動空間，運用英國藍為重點設色搭配自然質材，營造歐洲浪漫悠閒氛圍。客廳旁緊接著便是小書房，兩區以木作牆面分割，融入西方的拱型元素、開出半圓型玻璃透視窗口，並巧妙利用牆面厚度導入弧形斜切面，令視覺更加立體有層次。無論從裡、外端看，家中景致、生活一舉一動，猶如靈動的生活畫作，成為各種專屬甜蜜回憶。圖片提供 _ 一它設計 iT Design

施工關鍵 TIPS

1. 先於現場製作木作牆面，在上頭切割出半圓開口，嵌入 5mm 強化清玻璃、接縫打矽利康固定。

設計手法 02 · 從玻璃光影中重溫台味老宅

運用範圍：隔間

玻璃種類：玻璃磚、水波紋玻璃

設計概念：攝影師屋主因為喜愛中古老屋的慢活氣息，買下這 37 年透天厝，且大量置入玻璃磚、水波紋玻璃、日式木窗檐與大理石斜貼地坪等台式老房子元素，希望能打造出融合新舊特色的攝影棚與工作場域。其中，多道玻璃磚牆與水波紋玻璃窗均具有半透明的材質特性，可為室內引入柔和質感的光線，呈現清新通透的空間氛圍。圖片提供 _ 漢玥設計

施工關鍵 TIPS

1. 玻璃磚牆在遇到轉角或圓弧的角度時可選擇使用半磚來拼貼，讓轉角弧度更為圓融細膩。

2. 水波紋玻璃搭配日式木窗檐設計可創造一種年代感，更符合屋主喜歡的老宅韻味。

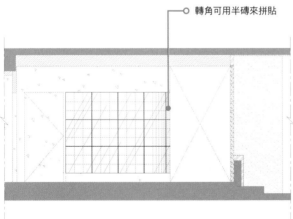

轉角可用半磚來拼貼

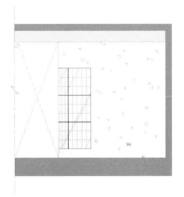

設計手法 03 · 隱約穿透創造層次與空間感

運用範圍：隔間、拉門
玻璃種類：灰色玻璃、灰色鏡面
設計概念：為了改善原本封閉的餐廚空間，設計師先拆除廚房隔間牆，並將中島轉向重塑開放式的客餐廳格局外，同時利用灰色玻璃取代實牆，讓玄關與廚房之間呈現隱約可見的穿透視覺；至於吧檯後方的門片則以灰鏡做隔間，讓熱炒廚房內的冰箱、工作檯面……等機能工作區的景象被適度遮掩。圖片提供 _ 尚藝室內設計

施工關鍵 TIPS

1. 為了呈現大面積穿透視覺並減少干擾，選擇以纖細鐵件作為玻璃支撐架構，除可提供足夠強度，質感也更細緻。

2. 在玄關面採用隱約可穿視的灰色玻璃，熱炒廚房區則改以灰鏡，兩者同樣具反射效果卻因材質不同更有層次感。

設計手法 04 · 隱寓東方美學的線性隔間

運用範圍：隔間

玻璃種類：強化玻璃

設計概念：延續著主臥室的設計概念，在浴室與更衣室的隔間上以開放式格局貫通空間脈絡，再透過東方美學設計語彙及現代簡約元素，闡述著中式混搭簡約風。整個浴室運用玻璃材質的「透」反映出虛與實，當空間的媒介轉化為穿透性設計，不僅使各場域相互產生對話，也讓它們從獨立空間的物件，轉化為整體空間的物件。

圖片提供_ 沈志忠聯合設計

設計手法 05．讓公區域的採光能透入狹長型的更衣室

運用範圍：隔間

玻璃種類：雙方格玻璃

設計概念：在餐廳背牆的另一面，串聯了兩個空間，其中包含位於臥房中的狹長型更衣室。由於更衣室本身並無採光的條件，因此除了從臥室偷光以外，設計師巧妙的於餐廳牆面預留了中空的縫隙，並嵌入具有透光性質的玻璃，不僅豐富了立面的材質運用，使空間更加具有設計感，同時成功地讓公區域的光線透入更衣。圖片提供 _ 兩冊空間制作

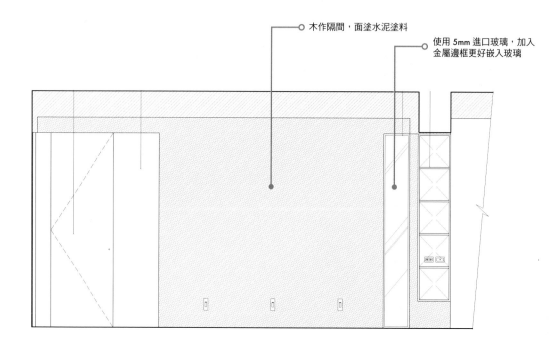

木作隔間，面塗水泥塗料

使用 5mm 進口玻璃，加入金屬邊框更好嵌入玻璃

1. 在挖空牆面時，於邊緣加裝了金屬邊框，此手法可讓玻璃的嵌入與收邊工程更加簡易，並且兼具了美觀的功能。

2. 若玻璃在施工過程中沾上油脂類髒汙，可用中性清潔劑擦拭乾淨，而若是沾上水泥、灰漿等非油性物質，則須在其未乾之前，以清水沖洗或者濕抹布清潔即可。

設計手法 06 · 金屬材混搭玻璃磚展現俐落工業風

運用範圍：隔間

玻璃種類：玻璃磚

設計概念：30 坪的工業風住家，大膽選用不鏽鋼、金色鍍鈦、玻璃磚與手作塗料做為室內主要面材，風格強烈的異材質混搭，賦予住家耳目一新的生活風貌。客廳主牆亦為主臥隔屏，由於是特別的全開放式設計，希望建材具備份量感與穿透性兩種特色，最後選用經過折曲加工的不鏽鋼搭配兩側玻璃磚牆，冷靜俐落的視覺卻不覺沉重負擔，完美演繹層次設計巧思。圖片提供 _ 浩室設計

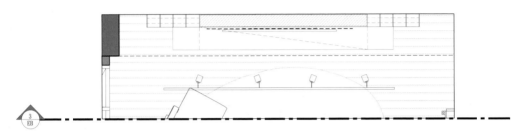

○ 預先做好整磚計畫,再去堆砌玻璃磚　　　　　　　　　　○ 兩側外包鐵件做修飾

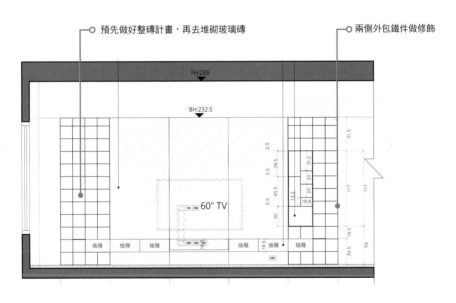

FH:289

BH:232.5

60" TV

抽屜　抽屜　抽屜　　　　抽屜　抽屜　抽屜

施工關鍵 TIPS

1. 選用 20cmX20cm 的玻璃磚堆砌客廳主牆兩側,無法裁切所以不能有任何尺寸誤差,利用類似整磚計畫下去施作更有保障。

2. 電視隔間牆沒有載重問題,所以這裡的玻璃磚牆、與不鏽鋼界面的連接面,皆是用矽利康膠合固定。

設計手法 07 · 多樣玻璃隔間運用，讓光無限穿透延伸

運用範圍：隔間、隔屏、門
玻璃種類：長虹玻璃、小冰柱玻璃、噴砂玻璃
設計概念：屬於長型的辦公空間，唯一僅有的採光窗卻是位在深處，為解決陰暗無光的問題，也必須將單面採光徹底發揮，此案大量運用玻璃作為主要材質，讓光線可以自由穿梭於每個場域之間，加上搭配不同的玻璃素材，例如長虹玻璃、小冰柱壓花玻璃，讓立面產生豐富的變化，入口則是沖孔板與噴砂玻璃的組合，保留光線與隱私性。圖片提供 _ 湜湜空間設計

施工關鍵 TIPS

1. 放樣後，鐵件框架於工廠施作再於現場焊接組裝。

設計手法 08 · 粉色夾膜玻璃連結全室調性

運用範圍：隔間、門

玻璃種類：粉色夾膜玻璃

設計概念：主臥室位於二樓，使用粉紅夾膜玻璃圈圍相鄰的專屬更衣間，用色調與住家其他功能場域隔空巧妙串聯。其中本層其實是以貓房為視覺核心，屋主可以輕鬆在每個角落、透過玻璃隔間觀察愛貓的各種舉動。圖片提供 _KC design studio 均漢設計

施工關鍵 TIPS

1. 訂製的粉色玻璃隔間是由 5mm、8mm 強化玻璃夾膜而成。

2. 施作時是先架好玻璃隔間，再鋪貼地坪，所以玻璃上、下皆有溝縫可供固定。

設計手法 09 · 共享光源與空間的親子互動寢區

運用範圍：隔間、門
玻璃種類：強化清玻璃
設計概念：在 25 坪住家要隔出三房並不容易，考量到小朋友年紀尚小，設計師特別釋出衣物收納空間於廊道，劃分出主臥、小孩房與遊戲室，同時利用玻璃隔間的清透特性令寢區共享光源與空間感，爸媽也能充分掌握孩子們的一舉一動、保障安全。日後隨著年齡增長，將設計師預留軌道裝上簾幕，隨即變成三間獨立、具隱密性的臥房設計，伴隨屋主成長，深具使用彈性。圖片提供 _ 諾禾空間設計

施工關鍵 TIPS

1. 隔間裝設前上方預留 1.5cm 溝槽，把 10mm 厚玻璃嵌入，下方打上矽利康固定。

2. 選用高度 2 米 4、寬度 1 米 2 的強化清玻尺寸，滿足電梯可搬運玻璃尺寸與減少接縫線條兩大訴求；立面玻璃相鄰接縫亦需薄塗 1 ～ 2mm 厚度矽利康做黏結、緩衝。

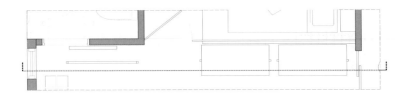

玻璃和玻璃鄰縫處
薄塗矽利康

隔間玻璃選用
10mm 強化清玻璃，
預留 1.5cm 清槽

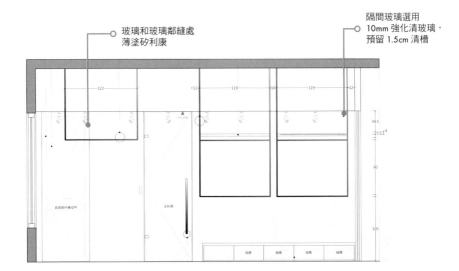

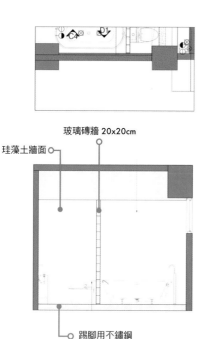

玻璃磚牆 20x20cm

珪藻土牆面

踢腳用不鏽鋼

設計手法 10 · 玻璃磚背牆提高浴廁採光度

運用範圍：隔間
玻璃種類：玻璃磚
設計概念：將浴廁各自獨立規劃，對外窗保留給水氣多的濕區，乾區部分的光線問題便透過玻璃磚材料予以化解，提高廁所的採光度，也同時選擇霧面質感，當同時乾濕區皆有人使用時可兼具隱私，為了整磚所配置的不鏽鋼也延伸成為踢腳，對於以珪藻土為壁面材料而言更好清潔維護。圖片提供_日作空間設計

設計手法 II · 玻璃櫃體區分公私領域

施工關鍵 TIPS

1. 長虹玻璃紋路有分粗細，本案選用 2mm 細紋，為空間帶來別具風情的朦朧視感。

運用範圍：隔間櫃體

玻璃種類：長虹玻璃

設計概念：以水泥灰色調貫穿全室背景，搭配各式黑色立面量體，穿插點綴溫暖木紋，揉合出屋主專屬的沉靜優雅生活氣息。廳區展示櫃體與床頭背牆做為區分公私領域的緩衝區，鑲嵌細紋長虹玻璃的半穿透視覺設計，減輕實牆隔間所帶來的沉重壓迫感。圖片提供 _KC design studio 均漢設計

設計手法 12 · 時尚灰玻隔間具防水耐髒優點

運用範圍：隔間、門

玻璃種類：灰玻璃

設計概念：居家空間中大膽保留毛胚肌理，融入裸露模板元素，搭配仿舊木紋地坪、灰玻隔間，展現工業風深沉粗獷的特殊個性，從公共領域到私密寢區風格連貫、予人強烈的視覺感受。設計師另外選用柔軟的皮革做單椅素材，搭配建築原有光源，剛柔並濟手法令整體畫面達到巧妙平衡。圖片提供＿浩室設計

施工關鍵 TIPS

1. 灰玻牆介於主臥與衛浴之間、有受潮可能，需施作防水，這裡選擇以鐵件做軌道，泥作預埋骨架後施作防水層、鋪貼磁磚。

2. 10mm 灰玻屬有色玻璃，選擇厚度較厚的強化玻璃有助於增強穩固、安全性，且灰玻較不顯髒、水垢，展現格調之餘更方便日常使用。

設計手法 13 · 用黑色五金強化玻璃隔間線條層次

運用範圍：隔間、門

玻璃種類：強化清玻璃

設計概念：為了滿足屋主夫妻一起淋浴的生活習慣，設計師將住宅原有的兩個小衛浴間合而為一，把淋浴空間拓寬約 60cm，可容納兩人同時身處其中迴旋動作而不顯擁擠，並於兩側立面皆裝設蓮蓬頭與放置沐浴用品的內凹壁龕，成功打造量身訂做的專屬使用場域。圖片提供 _ 諾禾空間設計

施工關鍵 TIPS

1. 玻璃隔間特別選用黑色旋轉五金與黑色接縫膠條，強化視覺線條感，令簡潔的沐浴空間結構更具層次有變化。

設計手法 14 · 清玻璃貼膜打造透光不透明衛浴

運用範圍：隔間、門
玻璃種類：清玻璃
設計概念：二樓為兩個孩子的臥房與親子遊戲區，以透明樓板天井連結每個機能區域，維持基本坪效之餘，更能掌握白天黑夜自然變化，為室內生活帶來更多變化元素。與寢區相對應的是衛浴空間，運用清透玻璃隔間貼覆漸層貼紙，成功打造透光不透明的盥洗場域。
圖片提供_KC design studio 均漢設計

施工關鍵 TIPS

1. 衛浴隔間牆選用 8mm 厚度的強化清玻璃，於內側貼覆漸層貼紙，保留光滑外觀觸感與精緻視覺。

設計手法 15 · 晶透玻璃穿映著自然石窟美

運用範圍：隔間

玻璃種類：清玻璃

設計概念：為凸顯大宅的格局，將廚房、餐廳與書房視為同一開放空間，同時在書房以天然石皮建材砌出整面如岩壁般的粗獷質感，為居家塑造出自然石窟的主題感。然而，考量書房的獨立使用需求則以綿延的清玻璃將書房如結界般地劃出界線，視覺上不受侷限，但在需要時可配合拉簾做出區隔性。圖片提供 _ 尚藝室內設計

設計手法 16 · 貓咪止步！專供獨處的玻璃書房

運用範圍：隔間、門
玻璃種類：清玻璃
設計概念：當家中「貓」多勢眾，身為居民之一的屋主，貼心地將除了書房外的家中場域都加入貓咪專屬的立體動線，考量牠們的習性，模擬了可能的路徑，令其可以自由穿梭。而唯一貓足到不了的淨土──書房，位於客廳沙發後方空間，以玻璃帷幕圈圍，利用錯落層板當作置物牆面，空心磚桌腳搭配粗獷木作桌面打造隨性閱讀檯面，呼應全室設計的戶外休憩氛圍。
圖片提供 _ 一它設計 iT Design

設計手法 17 · 亂序光影中的渾沌灰色世界

施工關鍵 TIPS

1. 選用厚度 10mm 玻璃施作隔間，框架作好之後，將玻璃嵌入預留的溝槽內固定。

運用範圍：隔間

玻璃種類：清玻璃

設計概念：知名遊戲公司的辦公室選擇以 LOFT 風為主題，透過高穿透感的清玻璃作為隔間，搭配灰色調的虛無質感，圍塑出渾沌未明的空間感。並將常見的日光燈管翻轉設計，高低交錯角度重新設定，轉化成天花板上的藝術雕塑品，搭配原有亮紅色的天花消防水管，不規律的走向與線條，增添了空間玩味的氣息。圖片提供 _ 沈志忠聯合設計

設計手法 18 · 光影通透的漂浮玻璃書房

施工關鍵 TIPS

1. 漸層貼膜貼覆於 8mm 強化清玻璃的內側，賦予書房朦朧透光的隱約視感。

運用範圍：隔間

玻璃種類：強化清玻璃

設計概念：公共空間採用灰、白調清淺設色、拉齊平面設計，將大容量櫃體自然藏於空間之中不顯突兀。位於客廳後側的獨立書房，以清玻璃貼覆漸層膜作裡外區隔，建構出柔和的視覺緩衝、而非赤裸裸地盡收眼底。書桌量體嵌於隔間玻璃當中，打破內外界線，朦朧的隔間、不落地的設計手法，令整個書房輕盈、漂浮起來。圖片提供 _KC design studio 均漢設計

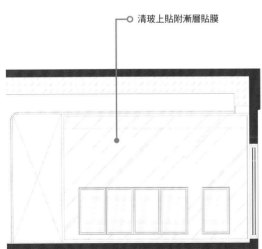

清玻上貼附漸層貼膜

設計手法 19 · 玻璃帷幕汲取日光溫暖

運用範圍：隔間、門

玻璃種類：膠合玻璃

設計概念：從民國 38 年定居苗栗的祖傳老屋，一代代傳承下來，到了曾孫輩的誕生，這幢超過半世紀屋齡的祖宅，迎來了改建重生的契機。二樓主要是年輕一輩使用的起居臥室區，以前只要走上樓梯一定會撞樑，現在把樓梯轉向面東、合併原有的雜物走道，同時運用大面積膠合玻璃區隔內外，建材特有的穿透性，在這裡每天都能迎接旭日東昇，汲取難能可貴的天花照亮全室。圖片提供 _ 一它設計 iT Design

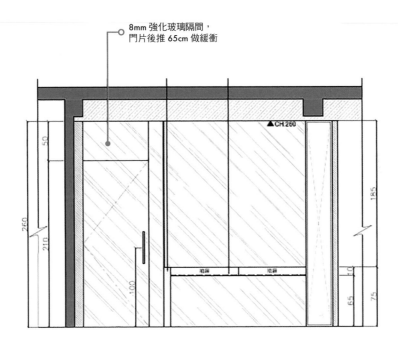

8mm 強化玻璃隔間，
門片後推 65cm 做緩衝

▲CH 260

施工關鍵 TIPS

1. 非門片的玻璃帷幕部份是以書桌做分野，貼齊上下桌緣，令書桌宛若內嵌玻璃當中。

2. 玻璃帷幕並非一字拉平，而是沿著書桌做出ㄑ字型，所以門片部份後推約 65cm，為上樓開門做出玄關般的緩衝場域。

設計手法 20 · 玻璃帷幕結合發光薄膜打造科幻情境

運用範圍：隔間
玻璃種類：清玻璃
設計概念：來自北京的 SPA 商業空間，規劃於基地中心的頭髮護理區，設計師刻意抬高地面高度，並藉由玻璃帷幕圈起，創造出如 BOX 量體般的效果，正上方投射均質且相對於周圍格外明亮的光源，天花結合發光薄膜映著隨機灑落的葉影，形成充滿科幻情境的展覽裝置。圖片提供_水相設計

施工關鍵 TIPS

1. 清玻璃材質選用 10mm 厚度，承載與隔音都較好。

2. 玻璃與天地的銜接為，利用預埋的鐵件凹槽嵌入，鐵件深度必須是玻璃厚度的 2.5～3 倍，最後再以 EPOXY 填入。

設計手法 21 · L型灰鏡立面開闊空間尺度

運用範圍：隔間立面、儲藏室門片
玻璃種類：鏡板玻璃
設計概念：以現代摩登風格勾勒的居家，玄關入口處選用灰鏡貼飾隔間立面，同時巧妙隱藏了通往儲物間入口，並依循門片比例作立面的間距分割線條，創造入口的視覺放大效果。圖片提供 _ 相即設計

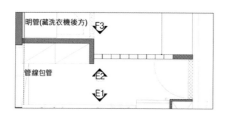

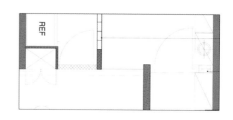

○ 磚與磚之間用矽利康填縫

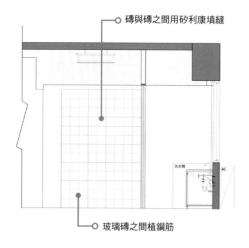

○ 玻璃磚之間植鋼筋

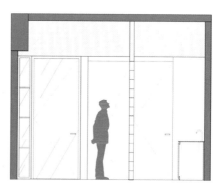

設計手法 22 · 玻璃牆、落地窗共同引入舒適日光

運用範圍：隔間、落地窗

玻璃種類：玻璃磚、夾鋼絲玻璃

設計概念：這間房子為透天厝的三樓增建，原始完全沒有任何隔間，經過設計師依據日光與屋子座向重新配置格局，將玄關規劃於位於靠南面的屋後，並在玄關和家事工作間的中央，規劃霧面夾鋼絲玻璃，引入南向的日光，而廚房與玄關之間，則透過一面玻璃磚牆，以全透明帶波紋的款式，讓光線可完全漫射到玄關，波紋又能稍微降低廚房背景的清晰度，藉由玻璃磚牆的牆體厚度也帶來穩定與安心感。圖片提供 _ 日作空間設計

施工關鍵 TIPS

1. 夾鋼絲玻璃的兩片玻璃，朝向洗曬間的玻璃為光滑面、面向室內的為霧面，可遮擋洗曬衣服的狀態，夾鋼絲處理也帶來安全感，並隱喻界定半戶外場域的屬性。

2. 玻璃磚與隔間牆，每一塊玻璃磚中間植鋼筋，確保結構體的穩固性，最後再以矽利康填縫。

設計手法 23 · 油煙不四溢的透明廚房

運用範圍：隔間、拉門
玻璃種類：長虹玻璃、強化清玻璃
設計概念：黑鐵軌道結合圓弧強化玻璃圈圍著母女倆的夢想餐廚，L 型櫥櫃運用訂製德國廚具量身打造符合各種使用習慣、尺寸、收納的硬體空間，選擇薄荷綠陶瓷烤漆表面讓清潔工作更加簡單。天天開伙的一家四口生活，加上中西混搭的烹調手法，視覺穿透拉門設計視情況彈性開闔、阻隔油煙；部份區塊鑲嵌長虹玻璃令其兼具玄關隔屏功能。圖片提供 _KC design studio 均漢設計

施工關鍵 TIPS

1. 先施作黑鐵骨架，再按照格狀尺寸訂製一塊塊 5mm 的強化清玻璃、長虹玻璃。

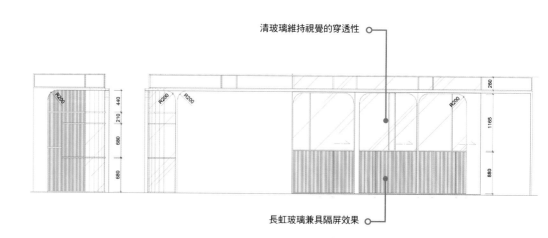

清玻璃維持視覺的穿透性

長虹玻璃兼具隔屏效果

PART 01
材質
選擇

作為機能裝飾牆的玻璃，常見烤漆玻璃、鏡板玻璃，後者也就是大眾熟悉的鏡面，貼飾於櫃體或是隔間，即可讓空間產生反射延伸感，氟酸玻璃則是具有接近鈦金的反射質感，又比較不沾附指紋，很適合貼飾於櫃體、壁面，而除了這二種材料，其它如清玻璃貼膜也可運用在裝飾立面上。

機能裝飾牆玻璃材比較

種類	烤漆玻璃	鏡板玻璃	氟酸玻璃
特色	強度高、不透光、色彩選擇多，同時具有清玻璃光滑易清理與耐高溫特，因此使用範圍廣泛，可當作輕隔間、桌面的素材，亦可運用於門櫃門片上，甚至適用於容易遇水的浴室、廚房區域。	經過鍍膜後玻璃即有鏡子倒影效果，運用於空間，可有效延伸視覺放大空間感。	表面具備的反射質感有一點接近鈦金的效果，價格上相對於鈦金來的低廉。
挑選	若在意色差問題，建議可避免挑選淺色系，或者選擇優白或超白烤漆玻璃，即可避免色差。	可以依不同的需求配合建築物的外觀，選擇多樣的中間膜顏色搭配。	可以依不同的需求配合建築物的外觀，選擇多樣的中間膜顏色搭配。
施工	須先丈量插座孔、螺絲孔位置，開孔完成後再整片安裝。	不可使用酸性矽利康，因酸性會腐蝕背面鍍銀，讓鏡子發黑。	須先丈量插座孔、螺絲孔位置，開孔完成後再整片安裝。
價格	NT.100～300元／才	NT.100～300元／才	請洽玻璃材料行或設計公司（計價會依據有無包含施工而有所不同）

01 · 烤漆玻璃 | 耐高溫易清理

| 特色解析 |

清玻璃經強化處理後，再將陶瓷漆料印刷於玻璃上，經由高溫將漆料熱融於玻璃表面，而製成安定不褪色且富多色彩的烤漆玻璃。烤漆玻璃比一般玻璃強度高、不透光、色彩選擇多，同時具有清玻璃光滑易清理與耐高溫特性。

| 挑選方式 |

一般平板玻璃皆帶有綠色非完全透明，因此顏色較淺的烤漆玻璃，容易因玻璃的綠色透過烤漆顏色而產生色差，若在意色差問題，建議可避免挑選淺色系，或者選擇優白或超白烤漆玻璃，即可避免色差。一般用於廚房或浴室壁面的烤漆玻璃約為 5mm 厚，但如果是要作為輕隔間使用，建議選用 8 ～ 10mm 厚度。

單色烤漆玻璃

是經濟實惠的烤漆玻璃選擇，可根據空間風格挑選適合的色調，表現整體感。圖片提供_安格士國際股份有限公司

| 種　　類 |　烤漆玻璃又分單色烤漆玻璃，是烤漆玻璃的基本款，以單一顏色表現，另外還有金蔥／銀蔥烤漆玻璃，加上金或銀色的蔥粉，創造出不同的光澤感，以及不規則／規則圖樣烤漆玻璃，是在玻璃的背面印刷出規則或不規則的圖案後再烤漆上色，比起單色烤漆玻璃的設計感強。

| 設計運用 |　烤漆玻璃的使用範圍廣泛，可當作輕隔間、桌面的素材，亦可運用於門櫃門片上，甚至適用於容易遇水的浴室、廚房區域，尤其常見用於廚房壁面與爐台壁面，既能搭配收納櫥櫃顏色，增添廚房豐富色彩，又能輕鬆清理油煙、油漬、水漬等髒汙。

| 施工方式 |

1. 烤漆玻璃安裝完成後便無法再鑽洞開孔，因此須先丈量插座孔、螺絲孔位置，開孔完成後再整片安裝。
2. 安裝於廚房壁面時，則應事先做好安裝順序規劃，最好先裝壁櫃、烤漆玻璃，再裝烘碗機、油煙機與水龍頭。

| 適用空間 | 壁面、裝飾立面
| 計價方式 | 以才計價（不含施工）
| 價　　格 | NT.150 ～ 300 元／才
| 產地來源 | 台灣

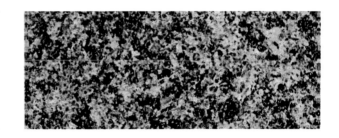

矽礦石烤漆玻璃
此為利用無機水性塗料噴塗於玻璃基材，經高溫烘烤硬化，呈現如花崗石般的立體紋路。圖片提供 _ 安格士國際股份有限公司

02 · 鏡板玻璃 | 反射特性拉闊空間感

| 特色解析 |

鏡板玻璃係於一般玻璃背面鍍上銀膜、銅膜,並以二層防水保護漆等三重加工程序而製成,並根據在不同顏色玻璃上鍍膜而有其差異;經過鍍膜後玻璃即有鏡子倒影效果,運用於空間,可有效延伸視覺放大空間感。隨著玻璃產品製作工藝的進步,鏡面玻璃有走向立體化趨勢,藉由更為複雜的切割工藝,將玻璃切割成類似立體鑽石般的成品,提供消費者更多不同選擇。

| 挑選方式 |

鏡板玻璃的清透感可以達到反射放大空間的感覺,且乾淨的線條與材質獨有的光澤感,能勾勒出俐落的輪廓樣貌,鏡面玻璃除了明鏡有 3mm 的外,其他都是用 5mm 光玻璃去作成其他鏡面的效果,所以其他的鏡面玻璃都是 5mm 以上的。若使用於浴室,建議選擇防蝕鏡,增加使用年限。

| 種　　類 |

如在透明無色玻璃、茶色玻璃、黑色玻璃背面鍍膜,即分別稱為「明鏡」、「茶鏡」、「墨鏡」,茶鏡、灰鏡、墨鏡最大的好處就在於具有普通鏡面的折射效果,又因偏暖色調,可平衡空間的冰冷,可讓空間調性看來更趨和諧。

| 適用空間 | 壁面、櫃體立面
| 計價方式 | 以才計價（不含施工）
| 價　　格 | NT.40 ～ 90 元以上／才
| 產地來源 | 台灣

衛浴空間拉大明鏡的比例，讓空間有加乘開闊的效果。圖片提供 _ 湜湜空間設計

| 設計運用 |

可依空間風格需求，挑選不同顏色的鏡板玻璃，不只可豐富空間元素，也能營造不同的空間氛圍。天花板使用鏡板玻璃裝飾，可透過反射製造拉長空間高度的效果，另外，雖然運用鏡板玻璃可以達到空間放大優點，但為了避免人影反射造成驚嚇，以及風水考量等問題，需慎選明鏡的使用範圍，或是利用墨鏡、茶鏡、灰鏡等材質替代。

| 施工方式 |

1. 不可使用酸性矽利康，因酸性會腐蝕背面鍍銀，讓鏡子發黑。
2. 建議使用水平儀測量水平狀況，同時注意施工時壁面一定要夠平、夠硬，才能支撐玻璃並且確保安全性。
3. 若貼飾為天花板裝飾材，須同時使用矽利康和快乾膠，快乾膠可瞬間快速黏著，才能避免在等待矽利康乾燥時面材掉落，最安全的作法是另外以支架頂住，直到矽利康完全乾燥。
4. 在鏡板玻璃上裝設燈具時，玻璃必須配合燈具底座開孔，開孔尺寸也必須要確定燈座固定的接觸面是在木作上，如此才能確保燈具受外力時，不會擠壓造成鏡子破裂。

03 · 氟酸玻璃 | 具霧面效果帶出空間質感

| 特色解析 |

所謂氟酸玻璃顧名思義即是將玻璃做氟酸處理，其最大的特色在於當玻璃經過酸蝕這道工序後，可以將反射度降低，亦可以減少指紋的沾附。由於氟酸玻璃的表面所具備的反射質感有一點接近鈦金的效果，價格上相對於鈦金來的低廉，若在預算有限上，而又想在一些需要增加空間深度的地方，或是想替空間增添些許立面質感時，是項不錯的選擇。

| 挑選方式 |

一般其他玻璃（如強化玻璃），可能拿來做隔間結構材使用，因此市面上才會衍生出不同厚之分的玻璃款式；而氟酸玻璃多半只用來作為表面材，因此比較不會出現不同厚度的樣樣式，多半最常見的使用厚度為 5mm。

設計團隊將氟酸玻璃運用作為電視牆立面材質，其本身帶點霧面的質感，經光線照拂後又呈現出更不一樣的效果。圖片提供 _ 工一設計 One Work Design

| 設計運用 |　　　　氟酸玻璃因本身仍屬玻璃材質，考量其材質特性，最適合的
運用是作為立面材之用，藉其特色替櫃體、牆壁等立面做妝
點作用，展現不同的味道。值得注意的是，因本身是玻璃，
運用在檯面時要留意仍可能產生刮傷的風險；另外，不少人
會將玻璃運用在天花板，做局部性的裝飾，此時一定要留意
其結構是否穩固，一定施作上未全然穩定，仍有可能遇下掉
落下來破裂的問題與風險。

| 適用空間 | 櫃體、牆面
| 計價方式 | 請洽玻璃材料行或設計公司（計價會依據有無包含施工而有所不同）
| 價　　格 | 請洽玻璃材料行或設計公司
| 產地來源 | 台灣

| 施工方式 |　　　　1. 氟酸玻璃在貼附時同樣是以矽利康作為貼合材，在玻璃背
後塗上並均勻貼附便可。

2. 若同時黏貼多面，那麼在貼附後仍要再留意玻璃之間的高
度是否有對齊，一定要再留意水平線部分。

3. 貼附時若有遇到需要做轉角處的處理，這部分與正常的玻
璃處理方式相同，以導角 45 度去做銜接即可。

PART 02
機能裝飾牆
設計與
施工關鍵

裝飾牆面包含櫃體、扶手、展示牆面等,樓梯欄杆以玻璃面材取代傳統扶手,可減少線條的繁複,視覺通透性也更完整,施作結構上多以矽利康黏於底材並做收邊,但如果設計中有結合鐵件、鏡面材質,建議選用中性矽利康。

設計手法 01 · 以玻璃作為展牆,使圖文呈現懸浮效果

運用範圍:展牆
玻璃種類:建材玻璃
設計概念:有別於一般展覽以木作牆作為展示圖文的立面,為了充分展現輕盈感,空間中的展牆皆改以玻璃呈現,站立的玻璃展牆仰賴底部加裝的邊框以及與其結合為一體的木製展示桌來穩固重心。以特殊的印製方法將圖文貼附於玻璃上,刻意將字體設定於200～250公分高,造就文字與圖像懸浮於空間的幻視感,加深觀者對於玻璃的材質特性,以及可多元運用的印象。圖片提供_格式展策

施工關鍵 TIPS

1. 在設計初期，便需要於地坪玻璃上預想好展牆放置的位置，並予以標示，記得預留縫隙給矽利康以利穩固的黏著。

設計手法 02．零界限樓中樓，視野超開闊

運用範圍：樓梯扶手

玻璃種類：強化玻璃

設計概念：此案為大坪數的樓中樓屋型，並以『人、空間及光線融為一體』作為設計主題，打造出開放感十足的家。設計師藉由玻璃材質運用讓樓層之間的界限消失，除了使樓中樓更顯高挑，光線也可自由地流淌其間，讓室內也能有擁抱戶外自然光般的感受，而且室內、外界線變得曖昧，有別於傳統設計一樣涇渭分明，創造更加開闊的開放感。圖片提供 _ 沈志忠聯合設計

施工關鍵 TIPS

1. 結構體兩側分別預留溝縫，以便玻璃能嵌入，再以黏著劑固定。

2. 運用強化玻璃的穿透性與安全性加持，讓樓梯與樓層護欄無形化，也讓整體更加簡約時尚。

設計手法 03・原創黑玻櫥櫃化解侷促感

運用範圍：櫃體
玻璃種類：黑玻璃
設計概念：為突破狹長餐廚空間的侷限感，在空間視野及性質界定操作上，選擇以原創且輕盈的櫃體、餐桌設計來定義空間與其範圍，企圖化解量體衍生於居家空間的視覺壓迫性。另一方面，櫃體選擇以黑玻璃材質構成，其反射效果可使空間視覺更加開闊，也符合使用者獨特品味與材質特殊性，產生人、形體、空間在生活中互相牽動的密切關係。圖片提供 _ 沈志忠聯合設計

設計手法 04 · 低調穿透的質感茶玻衣櫃

運用範圍： 衣櫃門

玻璃種類： 茶色玻璃

設計概念： 充滿都會氣息的睡寢空間，燈帶圈圍居中的軟和床被，為休憩場域帶來足夠而溫柔的照明。一旁的茶色玻璃衣櫃令衣物、配件朦朧低調地收納其中，半透視特性不僅能適度分享空間感與光源，也方便屋主找尋衣物時能輕鬆鎖定目標。圖片提供 _ 一它設計 iT Design

施工關鍵 TIPS

1. 從寢區通往衛浴走道狹小，又需提供坐下梳妝、挑選衣物使用，因此把體積最大的衣櫃量體以 5mm 茶玻結合鐵件、做橫拉開啟設計，減少門片開闔阻擋困擾。

設計手法 05 · 灰鏡木格柵中隱藏的小心機

施工關鍵 TIPS

運用範圍：電視牆

玻璃種類：灰鏡玻璃、清玻璃

設計概念：客廳電視主牆後方為樓梯與開放式廚房二個不同區域，為了維持樓梯後的穿透性，又保有廚房局部遮掩效果，在電視主牆選擇以木格柵作為主題，但在左半樓梯側採用穿視設計，至於靠近餐廳的另半側則以灰鏡填補木格柵之間的空隙，讓畫面呈顯客廳的反射影像，細膩的手法讓主牆整體畫面一致，若不細看也難以察覺左右側的差異性。圖片提供 _ 尚藝室內設計

1. 木格柵主牆內除了有木條、鐵件、石材的結合，還要加入灰鏡的穿插設計，異材質的運用增加工法難度。

2. 木格柵的灰鏡運用時須注意倒映的畫面安排，而灰鏡材質讓畫面若隱若現，避免過於突兀的視覺效果。

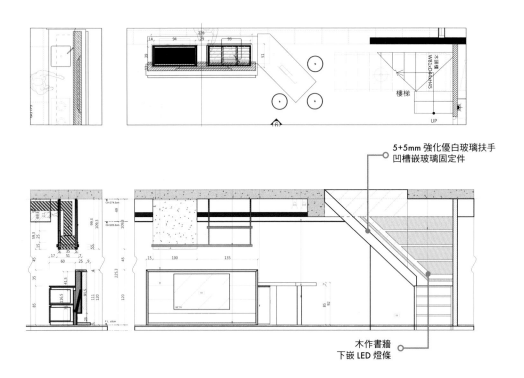

5+5mm 強化優白玻璃扶手
凹槽嵌玻璃固定件

木作書牆
下嵌 LED 燈條

設計手法 06 · 清玻璃扶手釋放空間的通透性

運用範圍：扶手

玻璃種類：優白清玻璃

設計概念：老屋翻新重新將格局做了一番整頓，改善採光是主要關鍵，有別於一般樓梯扶手的做法，直接以大片清玻璃為設計，並特別選用優白款式，少了帶綠的質感，更為清透純淨，漫射而出的光影也更為美麗。另一側的壁面則利用線條狀 LED 光源做出燈帶，作為動線安全上的引導，也兼具夜燈作用。圖片提供 _ 日作空間設計

施工關鍵 TIPS

1. 木作上下預留溝槽，
   以便玻璃可嵌入。

2. 與天花板的銜接處利
   用鐵板做出扁槽去
   修整銜接面。

設計手法 07 · 玻璃磚立面，清透又保有隱私

運用範圍：隔屏

玻璃種類：玻璃磚

設計概念：面對喜歡開闊空間感，卻又不想進門望穿整個室內，因此在於玄關入口處，設計師特別選用可透光不透視的玻璃磚作為立面隔屏的主要材料，搭配比玻璃更不穿透的空心磚，保有客廳區域的私密性，另一側往二樓的樓梯扶手，則同樣延續玻璃磚隔屏，加強寵物上下樓層的安全性，但亦可維持自然採光的通透性。圖片提供 _ 湜湜空間設計

施工關鍵 TIPS

1. 受限於玻璃磚與空心磚的制式規格關係，底部利用混凝土的高度，好讓上方磚材可維持整磚的設計。

2. 空心磚與玻璃磚的側面一樣以鐵件作為收邊。

設計手法 08 · 黑玻璃、鏡面創造通透延伸性

運用範圍：樓梯欄杆、樓板側邊
玻璃種類：鏡板玻璃、黑玻璃
設計概念：為維持獨棟建築的挑高空間感受，樓梯欄杆以鐵件與黑玻璃打造而成，黑玻璃可讓空間維持通透感，又同時賦予安全感，另一側的落地窗面則於窗簾盒高度外層施作一道貼飾鏡面的橫向結構，透過反射屋內景致，巧妙消弭樓板的厚度。圖片提供 _ 相即設計

施工關鍵 TIPS

1. 鐵件欄杆上下預留凹槽，以便玻璃嵌入固定。

設計手法 09 · 玻璃的光之隧道

運用範圍：主視覺牆

玻璃種類：長虹玻璃

設計概念：在思考該展覽的主視覺牆時，希望能跳脫以往以平面輸出的方式呈現，試圖扣緊玻璃藝術展的主題，因此設計了可讓觀者行走於其中的玻璃隧道，讓甫入展場的主視覺能提供更豐富的感官體驗。長虹玻璃特有的直條紋路，在偏冷調光線的照射與催化下，讓隧道中的人影產生如同殘影、具有拖曳感的動態變化，不僅成為熱門的拍照景點，也能讓人一目了然該展覽的宗旨。圖片提供 _ 格式展策

施工關鍵 TIPS

1. 由於長虹玻璃是嵌於以木工製成的長方形盒子中，因此在計算尺寸時需要絕對的精準，以免發生無法嵌入或者鬆脫的情況。

設計手法 10 · 宛如藝術裝置的發光玻璃座椅

運用範圍：座椅
玻璃種類：強化清玻璃
設計概念：此為坐落於北京的商業空間，包含中醫診療、SPA 護理檢測等項目，為扭轉古老中醫環境的刻板印象，以藝術策展概念鋪陳的「凝結的時光展」為設計思維起點，入門等候區透過長形玻璃盒提供座椅、光影氛圍等功能，甚至加入苔癬為主素材的裝飾，如雲朵漂浮般，形塑出如藝術裝置般的效果，一端則巧妙地隱入霧面磨砂壓克力隔屏，讓透視感有了不同的層次感。圖片提供 _ 水相設計

施工關鍵 TIPS

1. 考量乘坐上的結構性，清玻璃厚度選用 12mm 並經過強化處理。

2. 長形玻璃盒底部先於地坪上預留照明規劃。

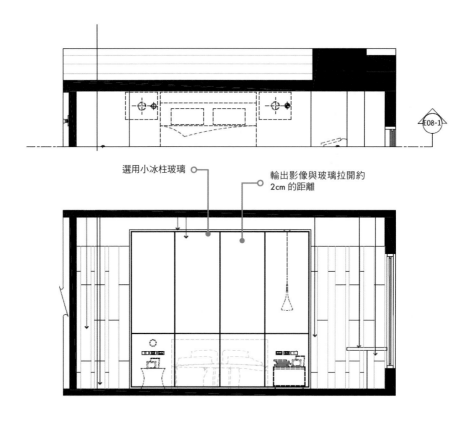

選用小冰柱玻璃

輸出影像與玻璃拉開約
2cm 的距離

E08-1

設計手法 11 · 如入迷霧森林的小木屋窗景

運用範圍：床頭主牆

玻璃種類：小冰柱玻璃

設計概念：屋主因為想幫孩子打造更親近自然的生活，將居家設計以露營為主題，且將森林小木屋的設計思維帶入主臥室。設計師以自己前往太平山拍的森林照片做大圖輸出，搭配小冰柱玻璃隔屏放在床頭，讓人在室內猶如置身山屋，感受隔著窗戶被林蔭與濃霧包圍，尤其當人走動時，玻璃與照片因為視角差距彷彿也跟著移動，充分展現森林意境。圖片提供 _ 尚藝室內設計

設計手法 12 · 霧面白板玻璃，讓牆可塗鴉可投影

運用範圍：塗鴉牆
玻璃種類：白板玻璃
設計概念：餐廳區域既是用餐，同時也整合閱讀、鋼琴區，日後兼具小朋友的家教場域，因此利用一側牆面規劃投影用白板玻璃，由於需兼具投影效果，再者也希望降低玻璃的光澤，因而特別選用霧面材質，看似宛如一面稍微帶有光澤的素雅壁面，玻璃內側也加裝鐵板，可使用強力磁鐵吸附。圖片提供 _ 日作空間設計

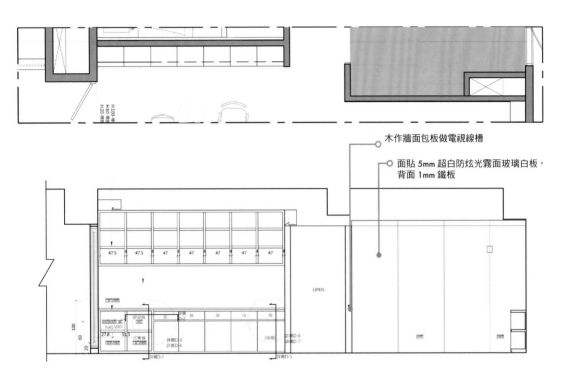

木作牆面包板做電視線槽

面貼 5mm 超白防炫光霧面玻璃白板，
背面 1mm 鐵板

1. 原來牆面上，先將
   2mm 鐵板厚度黏著上
   去，再將 5mm 白板玻
   璃黏著，兩者皆以矽
   利康當作接著劑。

設計手法13‧海棠花玻璃結合舊化杉木板，創造神祕感

運用範圍：裝飾隔屏
玻璃種類：海棠花玻璃
設計概念：設計師利用鐵件與海棠花玻璃營造些許的鄉村風，刻意與天花板之間留有部分空隙，展現不同的層次感，底下再搭配染白舊化的杉木板，將兩種材質巧妙結合。裝飾隔屏背後是兩間廁所的入口，設計師運用海棠花玻璃透光不透影的特性，讓人來人往的餐廳走道增添神祕感。圖片提供_開物設計

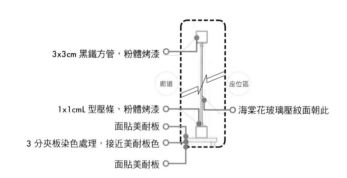

3x3cm 黑鐵方管，粉體烤漆

廊道　　　座位區

1x1cmL 型壓條，粉體烤漆　　　　海棠花玻璃壓紋面朝此
面貼美耐板
3 分夾板染色處理，接近美耐板色
面貼美耐板

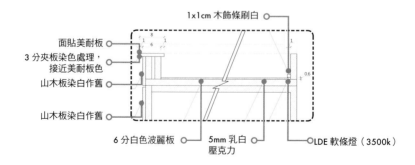

1x1cm 木飾條刷白

面貼美耐板
3 分夾板染色處理，接近美耐板色
山木板染白作舊
山木板染白作舊

6 分白色波麗板　　5mm 乳白壓克力　　LDE 軟條燈（3500k）

設計手法 14 · 反射特性，讓小環境變得明亮起來

運用範圍：電視牆

玻璃種類：氟酸玻璃

設計概念：本案電視牆面後方有一個暗門，在考量門的承重性問題後，選擇相對輕量的材質作為表面材。除了在電視牆使用氟酸玻璃外，另也在鞋櫃使用相同的材質，好讓立面的視覺感做不同向度的延伸。由於氟酸玻璃本身帶有一點鏡子的反射感，所以在面光面的鞋櫃面同樣運用該材質，可以在白天反射戶外的光線，當玄關透過光的沾附後整體變得明亮起來。圖片提供 _ 工一設計 One Work Design

施工關鍵 TIPS

1. 氟酸玻璃與烤漆玻璃的施作方式相同，先在玻璃背面均勻塗上矽利康。

2. 將玻璃放置要貼附的面後，用力按壓黏貼並再確認貼合度是否密合，同時也修正每片玻璃的高度，讓水平線整齊。

設計手法 15 · 鏡面玻璃交疊創造無限延伸感

運用範圍：品牌視覺隔屏

玻璃種類：鏡板玻璃、半反射玻璃

設計概念：此為科技辦公空間，迎賓入口處以無限反射的霓虹作為開端，木作框架內以一層鏡面、雙層霓虹燈，再加上外層的半反射玻璃，創造出指引延伸以及光影交疊的空間體驗。圖片提供 _ 相即設計

設計手法16 · 12mm 清玻扶手強化安全

運用範圍：樓梯扶手

玻璃種類：強化清玻璃

設計概念：展場以特殊雙面壓克力光牆連貫上下樓層，不規則方格中展示簡介各品牌風貌，方便訪客在上下移動時自然瀏覽欣賞。一旁運用透明清玻作樓梯扶手材質、使其成為隱形存在，保障現場安全性，主要目的則是為了減少多餘線條、避免破壞縱軸畫面。圖片提供 _ KC design studio 均漢設計

施工關鍵 TIPS

1. 扶手為了減少接縫、使用大面積一體成型清玻璃，選用 12mm 厚度，強化安全性。

2. 玻璃扶手主要固定於樓梯側邊，運用五金內嵌於樓梯量體當中。

設計手法 17 · 多樣玻璃與照明創造豐富光影效果

運用範圍：隔屏、隔間、門
玻璃種類：茶色玻璃、夾紗玻璃、黑玻璃

設計概念：此為獨棟別墅的第一門廳，底部空間為儲藏室，由於此道立面是進入門廳的第一視覺焦點，特意選用夾紗玻璃材質為隔間，配上前端天花的燈光投射，創造出猶如燈箱般的視覺效果，門片則採取黑玻璃，關燈時無法透視儲藏室內的景象，可稍微遮擋凌亂，最前端的鏤空隔屏改以茶色玻璃與鐵件搭配，使空間立面有層次的變化與豐富性。圖片提供＿相即設計

施工關鍵 TIPS

1. 夾紗玻璃隔間選用 5+5mm 厚度，隔屏的茶色玻璃則是 8mm 厚度，並以鐵件作為結構支撐。

設計手法 18 · 給寶貝們安全的塗鴉空間

運用範圍：塗鴉牆、拉門
玻璃種類：烤漆玻璃、清玻璃
設計概念：於設計圖面拍板定案後，女主人公佈了家中第三個小寶貝的加入喜訊，所以空間配置上更需考量人數增加與孩子們的活動安全性。餐桌旁規劃約150cm高的烤漆玻璃，是專門留給小朋友的繪圖、交流空間，方便媽媽邊操作家務的空檔、時刻透過鏤空中島、玻璃拉門掌握他們的一舉一動。圖片提供 _ 一它設計 iT Design

施工關鍵 TIPS

1. 因為小朋友年齡不一，畫畫時或站或坐，周遭還有繪圖道具散落，烤漆塗鴉牆面最好規劃在家中動線的「非主幹道」上。

2. 烤漆玻璃需貼在完全平整的水泥牆面才能穩固不脫落，若不考慮泥作修正立面平整性，亦可於下方墊覆木作打底、再行鋪貼烤玻。

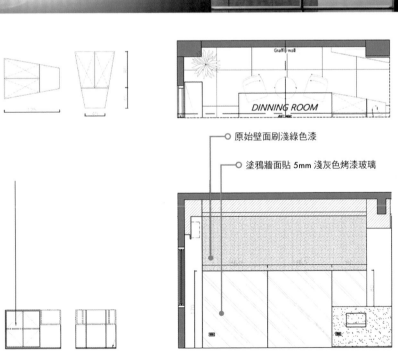

原始壁面刷淺綠色漆

塗鴉牆面貼 5mm 淺灰色烤漆玻璃

明鏡四邊磨光邊處理
鏡框以平光烤漆紅色表現

ちびまる子 花輪クン

28
吋
行
李
箱

設計手法19 · 大尺度穿衣鏡延展空間感

運用範圍：穿衣鏡

玻璃種類：明鏡

設計概念：考量建商格局屬於細長形結構，特意將穿衣鏡規劃於玄關區域，避開入口直視牆面，而是選擇於側牆裝設，加上放大尺寸比例，既可化解風水禁忌，也能達到延展空間尺度，以及降低走道的冗長感，由於女主人非常喜愛日本卡通人物櫻桃小丸子，鏡框特意選用木頭烤漆紅色，巧妙做出呼應。圖片提供 _FUGE GROUP 馥閣設計集團

施工關鍵 TIPS

1. 由於玄關屬於乾區，不會有水氣的問題，明鏡可直接以矽利康貼覆於壁面。

設計手法 20 · 運用分割鏡面延續拼貼語彙

運用範圍：浴室鏡面
玻璃種類：茶鏡、明鏡
設計概念：以茶色鏡面和透明鏡面拼貼出大大小小的鏡子，延續整體空間的拼貼語彙，選擇茶鏡與浴室壁櫃拼貼出層次美感，讓廁所鏡面不只有照鏡子的作用，同時也將收納櫃體與鏡面巧妙結合，增加收納空間。底部連接異材質——大理石，瞬間提升廁所的質感。圖片提供 _ 開物設計

施工關鍵 TIPS

1. 在廁所一般是站著照鏡子，通常會讓鏡子中心離地約 160 ～ 165 公分，或浴室鏡下沿距離地面不要低於 135 公分。

2. 要以立體架構來思考廁所的收納，例如洗臉台下方、門後、壁面、或立體鏡箱，增加更多收納空間。

設計手法 21 · 烤玻電視牆平衡整體色調

運用範圍：電視牆

玻璃種類：烤漆玻璃

設計概念：客廳展示間以天花、壁面、多人座沙發等大片的白色基調鋪陳清爽靜謐氛圍，同時選用深色超耐磨地坪穩定視覺重心，深灰烤漆玻璃電視牆與之相互呼應，賦予空間更多層次變化。圖片提供 _KC design studio 均漢設計

設計手法 22 · 不規則拼貼映射虛實光影效果

運用範圍：隔屏、電視牆

玻璃種類：壓花玻璃、清玻璃、烤漆玻璃

設計概念：玄關入口為化解穿堂煞的狀況，利用清玻璃、壓花玻璃製作出一道隔屏，有如拼布概念般的比例分割，加上不同玻璃種類，讓光影、通透性產生豐富的變化形式。電視牆立面則是選用烤漆玻璃，半牆高度讓孩子們可以塗鴉，也好清潔擦拭。圖片提供 _ 相即設計

設計手法 23 · 玻璃磚╳空心磚，不只留住光也展現屋主個性

運用範圍：玄關隔屏

玻璃種類：玻璃磚

設計概念：28 坪的住宅空間，考量屋主對於空間的接受度高，也期待有別於制式化的設計，但又希望光線能予以保留與通透，經過設計師重新調整格局、拆除原始入口的實牆，選用與整體風格一致調性的玻璃磚為隔屏，格紋圖騰帶出活潑感，同時穿插使用空心磚，讓入口立面別具個性與特色，也維持光線穿透、視覺延伸的效果，鏤空空心磚未來還能展示屋主收藏的小公仔模型。圖片提供 _ 湜湜空間設計

1. 玻璃磚側邊以鐵件包覆，解決收邊的問題。

2. 玻璃磚的頂部以鐵件鎖於原始天花結構內，再包覆木作天花板。

3. 每塊玻璃磚中間搭配十字支架，最後再以水泥填縫。

設計手法 24 · 細緻線條讓烤漆玻璃增添變化性

運用範圍：廚房壁面

玻璃種類：烤漆玻璃

設計概念：烤漆玻璃的優點是可以依據空間風格需求，訂製協調的顏色互相搭配，現代感的居家因應一旁灰鏡立面的設計，客製鐵灰色質感烤漆玻璃，更特別的是，於烤漆之前又作了腐蝕處理，讓烤漆玻璃上擁有三道細緻的線條，增添變化性。圖片提供 _ 相即設計

施工關鍵 TIPS

1. 烤漆玻璃先於工廠經過腐蝕、烤漆程序，再運送至現場貼飾。

2. 一樣使用矽利康為黏著劑。

設計手法 25．以鏡面營造大空間視覺感

運用範圍：鏡面內牆

玻璃種類：鏡面

設計概念：此商空為壽司店，由於坪數並非特別大，因次設計師特別利用鏡面會反射周遭影像與光線，創造空間延伸、模糊空間界線的特性，在空間的吧台旁以長條狀的鏡面貼附於牆上，鏡面反射的影像能隱藏牆面，令人誤以為牆面後方仍有一大片空間，巧妙營造空間視覺。

圖片提供 _ 開物設計

施工關鍵 TIPS

1. 以矽利康直接將細長鏡面黏著到牆面，鏡面與鏡面之間留下非常微小的隙縫，營造出遠看像是一大片鏡面，近看卻是由不同鏡面接合而成。

2. 要特別注意黏貼鏡子的底材是否牢固，容易鬆動的發泡材質天花板、矽酸鈣板牆面不適合直接貼附鏡子。

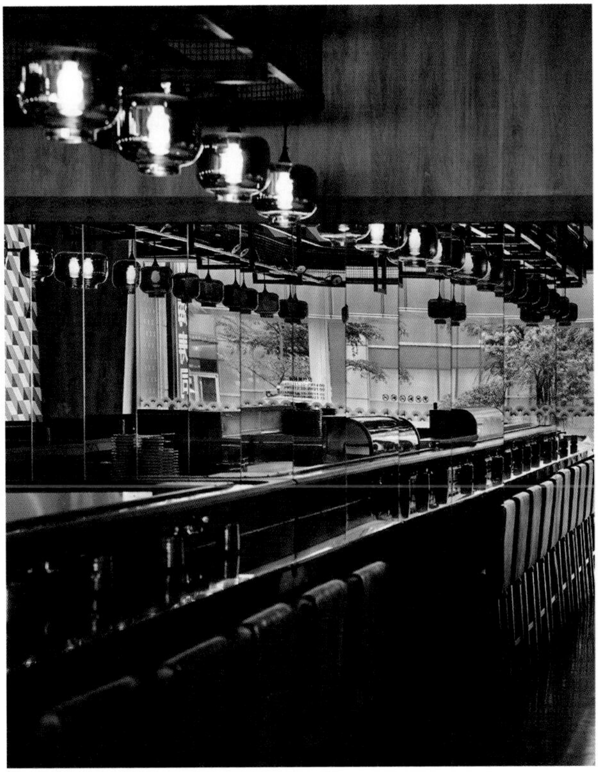

設計手法 26 · 超大比例穿衣鏡讓家變身攝影棚

運用範圍：穿衣鏡
玻璃種類：明鏡
設計概念：座落於一樓的邊間住宅，由於女主人從事服飾工作，經常有在家拍攝穿搭衣服的需求，希望家中每個角落都能取景，於是從入口處，設計師便規劃了超大比例的穿衣鏡，而穿衣鏡後方也隱藏了電錶箱，為了讓電錶箱日後維修更便利，鏡子可從側邊完全拉開，拉開至客廳區域又可反射不同的景致，巧妙增加拍攝背景。
圖片提供 _FUGE GROUP 馥閣設計集團

施工關鍵 TIPS

1. 因為天花上方沒有多餘空間，於是選擇運用側軌道方式施作，才能完全將鏡子拉出來。

2. 利用鐵片修飾軌道破口，同時鐵片也形成細框把手。

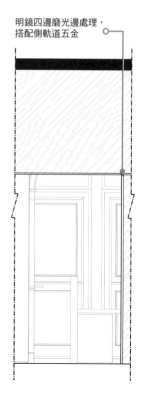

明鏡四邊磨光邊處理，搭配側軌道五金

設計手法 27 · 漸層貼膜兼具通透與隱私

運用範圍：隔屏

玻璃種類：清玻璃

設計概念：牙醫診所的診療區之間，為了兼顧隱私與空間的通透性，以清玻璃貼飾漸層貼膜的做法，創造出從霧面到清透的視覺感受，施作上更有效率。圖片提供 _ 相即設計

設計手法 28 · 輕盈感十足的噴砂玻璃書牆

運用範圍:書牆
玻璃種類:噴砂玻璃
設計概念:住家為單面採光,為了兼顧玄關採光、遮蔽性與充足收納等等考量,設計師拆除臨窗處實體隔間、設定為書房,特別選用透光不透明的噴砂玻璃書牆作兩個功能場域的分界。書牆主要為 5mm 白色鐵件與 5mm 弧形噴砂玻璃組構而成,搭配下方木作為底,打造輕盈、清透的雙重視覺感受。圖片提供_KC design studio 均漢設計

設計手法 29 · 訂製鏡面整合門片，讓設計更俐落

運用範圍：梳妝鏡、穿衣鏡
玻璃種類：明鏡
設計概念：為了避免鏡子因門片開啟需被切割，將穿衣鏡整合於門片的設計，鏡子側邊即是衣櫃把手，加上格局配置的關係，站在穿衣鏡前同時也能反射後方梳妝鏡面，空間感有延伸放大的效果，梳妝鏡面則是融入女主人對於櫻桃小丸子的熱愛，以鐵件塑形搭配客製化的玻璃裁切，站立高度正好映照出丸子的臉型，詼諧有趣。圖片提供 _ FUGE GROUP 馥閣設計集團

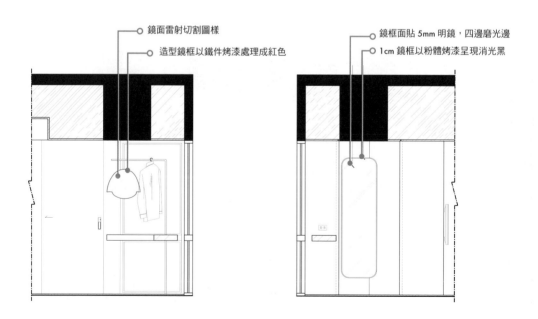

鏡面雷射切割圖樣

造型鏡框以鐵件烤漆處理成紅色

鏡框面貼 5mm 明鏡，四邊磨光邊

1cm 鏡框以粉體烤漆呈現消光黑

設計手法 30 · 黑鐵玻璃折射光影化解穿堂煞

運用範圍：隔屏
玻璃種類：長虹玻璃
設計概念：以復古粗獷風格為規劃的住宅，玄關一入門即是客廳，設計師利用黑鐵框架搭配長虹玻璃材質，細細的紋理可折射出過濾景象的效果，透光度卻又很高，可達到遮蔽與穿透光線的雙重作用，加上不規則的分割比例，讓立面多了層次變化與豐富度。圖片提供 _ 日作空間設計

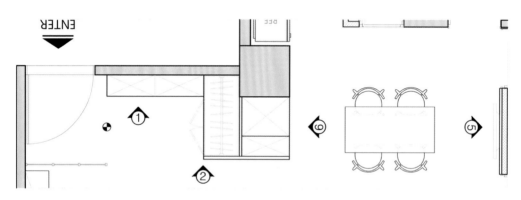

○ 3x3cm 方管鐵框，鎖於天地結構上
○ 選用長虹玻璃給予半遮蔽效果

1. 隔屏以鐵件施作,外框為粗鐵框,內部分割線條則是以實心鐵件做出細膩質感。

2. 鐵框以五金配件鎖於天地結構上,加強穩固性。

PART 01
材質
選擇

玻璃門片廣泛運用於住宅，近來最常見於壓花玻璃，壓花玻璃的雕刻花紋選擇多，透光不透影的特性，可以區隔空間又不會過於封閉，另外像是噴砂玻璃則是隱蔽性更佳，光線也會變得更柔和。

門的玻璃材比較

種類	夾紗玻璃	噴砂玻璃	壓花玻璃
特色	夾紗玻璃屬於膠合玻璃的一種，成品不僅充滿柔和美感且容易清潔。	具備透光性，但又同時兼具視覺隱私需求，而且當陽光直射於噴砂玻璃上，室內光線看起來會更加柔和，呈現出朦朧的視覺美感。	視覺創造出透光不透影的半遮蔽效果，達到區隔空間卻不顯封閉的建材獨有面貌。
挑選	樹脂中間膜（PVB）是增加安全性的關鍵，因此選購時要詢問廠商膠材的耐用性是否持久。	建議挑選防污或是無手印處理的種類，降低清潔的難度與時間。	常見的壓花玻璃款式常為單面印花、5mm 未強化版本，除了建議不要大面積使用外，採用膠合方式也能加強其安全性。
施工	多與木作或是鐵件框架結合，必須預留溝槽好讓玻璃能嵌入固定	現場應先就裁切尺寸、開孔位置是否正確做確認。	可將花紋凸面朝向室內，讓剔透的立體紋理為居家設計增添豐富視覺感受。
價格	NT.200 ～ 500 元以上／才	NT.200 ～ 500 元／才	NT.100 元以上／才

01 · 夾紗玻璃 | 朦朧多變的柔美端景

| 特色解析 |

夾紗玻璃屬於膠合玻璃的一種，其製成方式是由兩片透明的平板玻璃上下夾合，中央除了用來黏接的膠膜之外，還會放上由不織布、紗網或宣紙等不同素材一起進入高溫窯爐內進行加溫烘烤；待膠膜溶解液化，會將玻璃與素材結合再進行冷卻，成品不僅充滿柔和美感且容易清潔。此外，因玻璃中間附著強力的膠膜，即使受到衝擊也不易被貫穿；且破損後碎片也不易飛散，具有耐震、防爆、減少紫外線等特質。

| 挑選方式 |

夾紗玻璃的兩大選購重點就是膠材與中間材。由於樹脂中間膜（PVB）是增加安全性的關鍵，因此選購時要詢問廠商膠材的耐用性是否持久。若是選用特殊膠膜，或是中間材加工不易，那價格就會更貴。

| 種　　類 |

夾紗玻璃分為「制式」與「訂製」兩種。公版的圖樣非常多元化，可以依居家內裝選擇合適的風格。若要自行挑選布料作中間材，最好要選擇不具抗油抗水的素材，因為在高溫接合的過程中，產生的水氣若被布料排斥，就無法夾在玻璃中間，但也並非每一款布料都適合膠合，因膠膜與高溫接合的過程，也有可能導致布料縮捲、或是產生氣泡而失敗。

夾紗玻璃

夾紗玻璃雖然稱為夾紗,但其實可選擇各式布料,如紗、棉、麻等,甚至是金屬材料,而玻璃材也能更換為膠合或是有色玻璃去做搭配。圖片提供＿安格士國際股份有限公司

主臥房內的更衣室,選擇以夾紗玻璃拉門區隔空間,兼顧採光又可避免直接穿透,即便凌亂也不尷尬。圖片提供＿相即設計

| 設計運用 |

由於夾紗玻璃半透光且具有隔音、隔熱效果,除了可以運用在入門屏風、隔間牆或是拉門片上,兼顧採光跟隱私之外,亦可以考慮運用在受光或受風面。此外,裝飾性卻又容易清理的特質,也適合用來製造空間端景,不論是局部點綴或大面積鋪陳,皆有利提升空間親切柔和的氛圍。

| 適用空間 | 門、隔屏　　　　　　　　　　　　| 價　　　格 | NT.200 ～ 500 元以上／才
| 計價方式 | 以才計價(不含施工)　　　　　| 產地來源 | 台灣

| 施工方式 |

1. 若牆面要同時使用夾紗玻璃跟磁磚作拼接,務必確認玻璃與磁磚的厚度是否達到一致,或以泥作打底微調,這樣拼貼出來的面才會平整。
2. 夾紗玻璃施作為屏風多與木作或是鐵件框架結合,必須預留溝槽好讓玻璃能嵌入固定,再以矽利康增加結構的穩固性。

02 · 噴砂玻璃 | 半透明霧面呈現朦朧美感

| 特色解析 |

噴砂玻璃是利用水混合金剛砂,再透過高壓空氣噴射的原理,將玻璃表面處理為帶霧粒狀的效果,這種霧面質感也被稱為霧面玻璃,比起清玻璃來說,噴砂玻璃可以具備透光性,但又同時兼具視覺隱私需求,而且當陽光直射於噴砂玻璃上,室內光線看起來會更加柔和,呈現出朦朧的視覺美感,多應用室內隔屏、裝飾牆、門片等。

| 挑選方式 |

噴砂玻璃比較麻煩的是,噴砂面容易殘留灰塵,所以選用噴砂玻璃建議挑選防污或是無手印處理的種類,降低清潔的難度與時間。噴砂的不沾手處理要儘量用在無水潑的地方,不然會有一定的時效性,不是做過一次處理後就永久有效。

| 種　　類 |

噴砂玻璃的做法有分成幾種,一種是將整片清玻璃噴砂,另一種則是先在清玻璃上,以卡典西德自黏貼紙貼好圖案後再噴砂,呈現出花紋造型,還有一種取代原有噴砂和酸蝕工藝的翡玉易潔玻璃,相較於傳統噴砂玻璃,可以調整玻璃的透明度,觸感也光滑許多,更好擦拭與清潔。

| 設計運用 |　　　　　　　噴砂玻璃由於具備透光不透視的特性，很適合當作區隔空間
　　　　　　　　　　　的隔屏，例如玄關入口穿堂煞的破解，或是需要隱私又想維
　　　　　　　　　　　持通透採光的彈性起居空間，規劃為隔間或是拉門等，在視
　　　　　　　　　　　覺上可以增加空間的寬敞感，亦可利用清玻璃與噴砂玻璃的
　　　　　　　　　　　搭配結合，中段區域使用噴砂玻璃，上、下為清玻璃，提升
　　　　　　　　　　　光線的穿透性。

| 施工方式 |　　　　　　　1. 玻璃裁切及加工大多是在工廠完成後，才運至現場做裝
　　　　　　　　　　　　　設，因此現場應先就裁切尺寸、開孔位置是否正確做確
　　　　　　　　　　　　　認。
　　　　　　　　　　　2. 噴砂玻璃規劃為隔間與拉門施工作法與其他玻璃差異不
　　　　　　　　　　　　　大，隔間凹槽深度建議至少留 1 公分，完成後要確認是
　　　　　　　　　　　　　否會晃動。

| 適用空間 | 門、隔間
| 計價方式 | 以才計價（不含施工）
| 價　　格 | NT.200 ～ 500 元／才
| 產地來源 | 台灣

針對陰暗無光的工作場域，大量使用
玻璃材料達到透光性，門扇則局部以
噴砂玻璃為規劃，可兼顧辦公會議的
私密需求。圖片提供 _ 湜湜空間設計

03 · 壓花玻璃 | 老建材煥發設計新風貌

| 特色解析 |

壓花玻璃是用雕刻花紋的圓型滾筒滾壓在玻璃表面，在不改變玻璃材質特性前提下，於視覺創造出透光不透影的半遮蔽效果，達到區隔空間卻不顯封閉的建材獨有面貌。現在老屋改建風與工業風大行其道，傳統常見的長虹、銀波、海棠花、銀霞、方格等壓花款式再度翻紅，復古素材融入全新的現代室內設計中，讓人們在居家角落找回孩提時代的情懷與回憶。

| 挑選方式 |

由於台玻壓花玻璃產線已轉移青島，台灣本地目前沒有傳統壓花玻璃製造廠，大多仰賴中國、日本、歐洲進口，所以市面銷售會以各進口商的庫存為主，無論是玻璃厚度、花色、強化與否，選擇都較受侷限，所以最常見的壓花玻璃款式常為單面印花、5mm 未強化版本，除了建議不要大面積使用外，採用膠合方式也能加強其安全性。

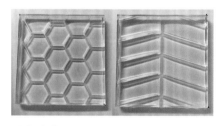

壓花玻璃

最常見的為長虹、銀波、海棠花、銀霞、方格等花樣，除了半遮蔽效果與透光性，獨有的濃厚復古文青情調更是備受青睞的一大主因，另外還有新出現的 3D 曲面玻璃可做選擇。圖片提供 _ 安格士國際有限公司

壓花玻璃自帶復古風情，適合老屋改裝綴飾於空間中、達到畫龍點睛效果，而其中長虹、方格等幾何款式應用範圍更廣，與黑色鐵件組成黃金搭檔，完美表現略懷舊風情的工業風、現代風。現在市面上還出現另一種 3D 曲面玻璃可做選擇，是將 8mm 以上的平板、色板玻璃，透過鋼模利用高溫使其成型，最後透過水刀切割、強化處理，建議厚度為 10mm，屬於期貨訂製品、價格不菲，可用於外牆、玻璃隔間。

| 適用空間 | 拉門、隔屏
| 計價方式 | 以才計價（不含施工）
| 價　　格 | NT.100 元以上／才
| 產地來源 | 台灣、中國、日本、歐洲

長虹玻璃是目前市面上最常見的壓花玻璃款式，專屬的簡潔復古氣質，加上透光不透影特性，無論現代、復古室內風格都能輕鬆融入搭配。圖片提供 _ 浩室設計

1. 市面上壓花玻璃多為單面壓花，若要作為衛浴空間時，考量隱私問題，最好將壓花紋朝外，避免紋路沾水氣後視覺穿透性提升。

2. 一般可將花紋凸面朝向室內，讓剔透的立體紋理為居家設計增添豐富視覺感受。玻璃安裝後要將水泥髒汙迅速擦拭乾淨，避免日後清潔問題。

PART 02
門片設計與
施工關鍵

玻璃門片分成一般拉門、摺門等形式,通常玻璃門厚度至少都是 10 ～ 12mm 若考量安全性與結構,通常會搭配上下軌道,不過因為這樣就會有既定溝縫存在,因此近期較多作法是採用上輪走上軌形式,可以減少下軌道卡灰塵的問題,也讓地坪更為完整一致。

設計手法 01 · 夾紗連動拉門引入光線與對流

運用範圍:連動拉門
玻璃種類:夾紗玻璃
設計概念:由於房屋面積不大,原始餐廳十分陰暗,考量主臥房需要隱私,客房使用頻率不高,將主臥與客臥位置對調,而這間客房同時也身兼瑜伽練習場地,因此利用四片夾紗玻璃拉門區隔,充分引入光線,夾紗的玻璃材質讓空間多了一點溫暖,從餐廳看過去也不會有反光的感受,連動拉門的內側更增加鏡面可左右推拉,方便瑜伽練習時使用,也可作為穿衣鏡。圖片提供_日作空間設計

施工關鍵 TIPS

1. 連動式拉門上下皆須設置軌道,避免門片晃動。

訂製鋁框橫拉門，嵌入夾紗玻璃

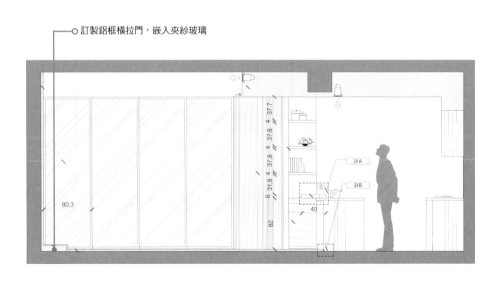

設計手法 02 · 旋轉門變變變，空間多趣味

運用範圍：旋轉門
玻璃種類：長虹玻璃
設計概念：為了展現大宅的器度格局，決定讓客廳與餐廚空間做開放式設計，但考量節能與生活需求，在客、餐廳中間設計一道由四扇旋轉門所組成的隔間牆，讓空間感與空調使用上都可獲得最佳解決方案。尤其，四扇旋轉門可有全開、全關，以及關二側留中間通道、關中間門讓左右形成環狀動線等四種不同變化，讓客、餐廳的使用型態更靈活。圖片提供＿尚藝室內設計

施工關鍵 TIPS

1. 旋轉門配合天地角鏈做靈活的開闔設計，所以移動上相當便利且安全，讓屋主的居家生活更有趣。

2. 選擇直線紋理的長虹玻璃主要是可以與客廳沙發後的白色格柵主牆相呼應，同時讓玻璃後的影像模糊化。

設計手法 03 · 清水模住宅中的鏡面柔情

施工關鍵 TIPS

運用範圍：拉門

玻璃種類：夾紗玻璃

設計概念：為了營造出屋主嚮往的清水模質感居家，設計師在材質與造型運用時盡量以簡約、單純為準則，幾乎僅有清水模牆、深色地磚與黑色夾紗玻璃拉門，藉此來提升空間純粹度與寧謐感。其中，位在電視牆旁的夾紗玻璃拉門後方為儲藏室，平日不常開啟，更像是空間中的大鏡面，隨時序反射出自然光影，為空間增加視覺豐富性。圖片提供 _ 尚藝室內設計

1. 夾紗玻璃是以二片清玻璃中間夾著選定布材或紙材，而此案例選用夾紗玻璃主要是能更精準調控玻璃的不透明度。

2. 夾紗玻璃因為內部布料質感不同，讓拉門在近距離觀看時更有細節感與反差，使極簡空間更耐人尋味。

設計手法 04 · 復古長虹玻璃拉門隔絕烹飪油煙

運用範圍：拉門

玻璃種類：長虹玻璃

設計概念：半開放大廚房與廳區，是以沙發後方石材矮牆做分野，利用活動式復古長虹玻璃拉門彈性開闔，當平時親友歡聚一堂便全部開放，釋出敞朗開闊的百坪豪宅氣勢，分享空間與歡笑；烹調時則能選擇拉起門扉，隔絕油煙、以利維護居家空氣品質。圖片提供 _ 浩室設計

施工關鍵 TIPS

1. 餐廳拉門為四扇門片設計，鑲嵌 5mm 細紋長虹玻璃，營造透光、復古的朦朧視覺效果。

2. 拉門選用鋁製骨架、走上下軌保證穩固性。鋁料除了能減輕載重，玻璃與門框可以在工廠組裝完畢，運送至現場裝上即可，現場施作流程更簡便。

設計手法 05・窗與光，打造零死角攝影棚

運用範圍：摺疊門

玻璃種類：清玻璃

設計概念：為了滿足業主要求每個角落都能拍攝的目標，設計師以可再生重組的建築設計概念，落實一座零死角的有機攝影棚。將陽光、植栽與陳設視為攝影棚內的基礎代謝元素，並運用大量的穿透性玻璃賦予空間大面落地窗，配合氣候與晨昏的變化引入不可預測的自然光，並利用摺疊木窗、白紗等呈現光線的多層次感。圖片提供_漢玥設計

施工關鍵 TIPS

1. 以木框鑲嵌玻璃的摺疊門為攝影棚注入復古而自然的質感，同時不同開闔方式的摺疊門也提高場景變化性。

2. 高挑的建築外牆採用大面落地窗，配合白紗與百葉窗等配件，讓玻璃窗與光線在室內創造更豐富的層次感。

設計手法 06 · 借助玻璃紋理模糊視野，打造簡潔廚房視覺

運用範圍： 拉門

玻璃種類： 雙方格玻璃

設計概念： 由於廚房通常會擺放種類繁多的廚具，較容易導致視覺感的紊亂，為了保持整體空間的簡練風格，設計師為廚房空間設計了拉門，卻不希望烹飪者感覺置身於封閉的空間中，因此以玻璃材質保留適度的通透性，並選用具有紋理的款式使視線產生物化模糊的效果，讓人看不清廚房內部，達到「遮瑕」的效果。圖片提供 _ 兩冊空間制作

施工關鍵 TIPS

1. 通常在坪數小的空間中，會採用玻璃材質來做輕隔間，除了因為玻璃本身較薄，占用的空間比實牆小，亦可使各空間的光線自由的流通，使視野更加明亮寬闊。

2. 若玻璃隔間為落地型，為避免碎裂的危險，宜選用抗衝擊能力較優的強化玻璃。

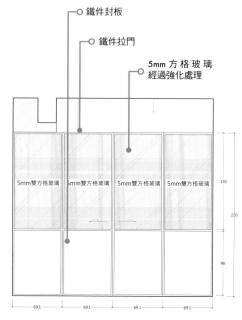

鐵件封板

鐵件拉門

5mm 方格玻璃經過強化處理

5mm雙方格玻璃　　5mm雙方格玻璃　　5mm雙方格玻璃　　5mm雙方格玻璃

130

220

86

69.1　　69.1　　69.1　　69.1

設計手法 07 · 低彩度茶玻襯托美式優雅氛圍

施工關鍵 TIPS

1. 木作烤漆門片以簡練線條勾勒出立體線板裝飾，詮釋美式語彙。

2. 門片規格設計完成後，同步進行玻璃尺寸訂製，門片內預留玻璃嵌入的溝槽，再以矽利康填縫確保穩固性。

運用範圍：摺疊拉門

玻璃種類：茶色玻璃

設計概念：原始樓中樓的一樓格局因隔間牆的阻斷，隔絕了三面採光的優勢與縱深，將舊臥房隔牆拆除、客廳向內退移，客用衛浴和洗手檯也成為另一軸線可串聯客廳及客房，起居動線形成多向相連的回字結構，搭配亦牆亦門的茶色玻璃拉門，空間使用更靈活，而茶色玻璃相對彩度低，正好能映襯淨白寧靜的美式氛圍。圖片提供 _ 游雅清空間設計

設計手法 08 · 摺疊玻璃門隱藏生活雜亂

施工關鍵 TIPS

1. 摺疊式玻璃拉門採用懸吊式鐵件設計可完全隱藏，並收折在牆柱旁，讓客廳與臥室地板保持完整性，更為簡約。

2. 打開拉門使臥室與客廳合併不僅放大空間感，同時屋主可以選擇在床上享受包廂式電影院的娛樂效果。

運用範圍：摺疊門

玻璃種類：長虹玻璃

設計概念：從屋主夫妻倆的角度來思考這 20 坪小宅的空間利用，跳脫了一般公私領域既定的格局規範，選擇以一道長虹玻璃摺疊門讓主臥與客廳的切分與連結關係更為靈活。尤其長虹玻璃因本身具有直線壓紋設計，關上拉門時只透光卻不透視的視覺效果，能更加確保臥室區的隱私性，即使私領域有些許雜亂也不怕被看透。圖片提供 _ 漢玥設計

採用懸吊式鐵件五金，
門片可完全隱藏。

設計手法 09 · 玻璃石材聯手創造磅礴鏡界

運用範圍：拉門
玻璃種類：長虹玻璃
設計概念：為了滿足屋主輕食與熱炒不同烹調習慣的需求，除了在餐廳旁以大中島配置做開放廚房設計，熱炒廚房也以玻璃拉門作區隔，杜絕內部的油煙與雜亂感。透過遮蓋力較佳的長虹玻璃拉門，再搭配左右以深色大理石作為背襯，讓中島後方展現出鏡面效果，可反映出大廳晨昏不同的光影變化與磅礴氣勢。圖片提供 _ 尚藝室內設計

施工關鍵 TIPS

1. 拉門選用長虹玻璃搭配纖細鐵件設計，主要是因為長虹玻璃本身具有線條美感，同時比灰玻璃更具遮掩性。

2. 長虹玻璃與光面大理石材同樣都有鏡面及暈染的特色，可以展現畫面的一致性，讓異材質的結合更無違和感。

設計手法 10 · 清透、無隔閡的庭園廚房

運用範圍：拉門

玻璃種類：清玻璃

設計概念：雖然在餐廳旁已設立有西式中島廚房，但為隔開熱炒油煙，設計師別出心裁地在陽台旁規劃了熱炒廚房，並以清玻璃門片做界定，如此，作料理時也不會錯過與家人的互動。同時，因為清玻璃的高穿透性，可以將廚房外與陽台上的好採光都被完整保留進室內，一旁庭園造景更給予用餐區最紓壓的綠意饗宴。圖片提供 _ 尚藝室內設計

設計手法 11 · 利用玻璃開門打造多功能空間

運用範圍：門、落地窗

玻璃種類：清玻璃、長虹玻璃

設計概念：偌大的中島外廚區不以實牆當作隔間，設計師反而選擇玻璃開門搭配長虹玻璃，讓光線能穿透整個家。這一區平時是孩子嬉戲玩耍的地方，屋主在外廚區時也能留意孩子的一舉一動，當親朋好友需要借住一晚時，只要將藏在牆壁的收納床放下來，就變成一間舒適的客房。圖片提供 _ 開物設計

施工關鍵 TIPS

1. 以烤漆鐵件包覆的玻璃開門，不能做到太高，最高以 220 公分為限，超過會導致玻璃共振現象，須特別注意。

2. 將長虹玻璃設置在大片玻璃隔間的中央位置，讓立面的比例更協調。

設計手法 12 · 夾紗玻璃門延續自然元素

運用範圍：拉門、天花板

玻璃種類：夾紗玻璃、灰鏡玻璃、清玻璃

設計概念：久居都會的人最嚮往的就是遠離塵囂的自然山居，設計師除了以大面清玻璃門片引進室外的山色綠景，在室內同樣運用石材來呼應自然氛圍。另外，在廚房則選用夾紗玻璃拉門來做區隔，除了可避免油煙外溢的問題，更重要的是降低視覺的干擾，並且可反映出戶外的樓梯造景，展現出建築與天地美景。圖片提供 _ 尚藝室內設計

1. 選用半透明紗簾做夾紗玻璃拉門，既可避免廚房油煙飄散室內，同時維持餐廳簡約感，但又不過於封閉。

2. 夾紗玻璃門片可倒映戶外的山色樓景，讓自然元素延伸入室內，搭配天花板灰鏡則更顯奢華感。

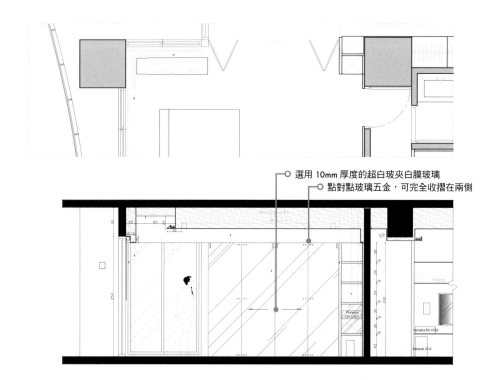

選用 10mm 厚度的超白玻夾白膜玻璃
點對點玻璃五金，可完全收摺在兩側

設計手法 13 · 微透光超白玻折門演繹純粹風格

運用範圍：摺疊門

玻璃種類：超白玻夾白膜

設計概念：因應屋主對於簡約風格的喜愛，整體空間以白色與木質調為主，客廳與主臥室的過度空間規劃一處休憩角落，選擇利用超白玻璃夾白膜的折門形式，作為公私領域的界定劃分，微微透光的質感接續著落地窗面的白紗，讓立面調性和諧一致，折門亦可創造出最大開口的尺度，空間更形開闊舒適。

圖片提供 _ 日作空間設計

1.超白玻璃搭配摺門玻璃
五金,僅需要上軌道即
可。

鐵件拉門,烤漆綠色漆
嵌 5mm 強化清玻璃

固定鐵件,烤淺綠色漆,
嵌 5mm 強化清玻璃

設計手法 14 · 草綠色拉門做廳區彈性樞紐

運用範圍:拉門

玻璃種類:清玻璃、格子玻璃

設計概念:一樓廳區空間以大面強化清玻璃作為客廳與餐廚區的交界分野,除了視需求彈性開闔、隔音不干擾外,也方便空調規劃、冷房更有效率。值得一提的事,固定於主牆一側的小門片特別選用格子玻璃,是為了模糊化內側緊鄰的電話,令畫面更加清爽。圖片提供 _ 一它設計 iT Design

施工關鍵 TIPS

1. 由於位於廳區主要過道,拉門採上軌道方式固定,避免下軌道卡汙、小朋友絆跤、推車移動等困擾。

2. 拉門活動門片部分是先行打造鐵製骨架,再分別加裝上下兩塊大面 5mm 強化清玻璃、打矽利康固定。

設計手法15 · 水紋玻璃門片區隔公私場域

運用範圍：雙開主臥門片
玻璃種類：水紋玻璃
設計概念：將擁有 29 年屋齡的老宅改造成單身男子的一房住家，整合內部不規則格局、塗佈大面積灰色，運用簡約的低彩度打造充滿線條層次感的舒適住家。主臥選用大面水紋玻璃做對開門片材質，從主臥借光至餐廚區，加上另一道來自客廳光源，為無開窗的住家中心挹注暖心舒壓的生活溫度。圖片提供 _KC design studio 均漢設計

設計手法 16 · 老件木雕化為拉門把手，是門片亦是裝飾牆

運用範圍：拉門

玻璃種類：清玻璃

設計概念：屋主夫婦為料理生活家，既會做菜又喜歡品酒，希望餐廚空間能寬敞，但又害怕油煙問題，因此設計師選擇配置一扇大拉門做為區隔，選用清玻璃的原因是，一來讓客廳、餐廚空間達到互相通透的效果，其次是屋主提出期盼能保有老家鑲於樓梯扶手上的雕刻木頭飾品，於是設計師巧妙將具有雙面雕刻圖樣的木飾品變身玻璃拉門的把手，形成如中式窗櫺般的效果，而拉門推到底也可成為牆面的端景。圖片提供 _FUGE GROUP 馥閣設計集團

施工關鍵 TIPS

1. 先施作一個框架，再鑲嵌老件木雕，稍微壓掉老件既有的些微框架，視覺上看起來才不會太過粗獷。

2. 清玻璃厚度約 8mm，把手與玻璃之間利用連結五金，而非與玻璃貼在一起。

3. 胡桃木拉門先做好，再進行玻璃的丈量與安裝，僅運用上軌道的懸吊方式，讓地坪銜接更為簡單俐落。

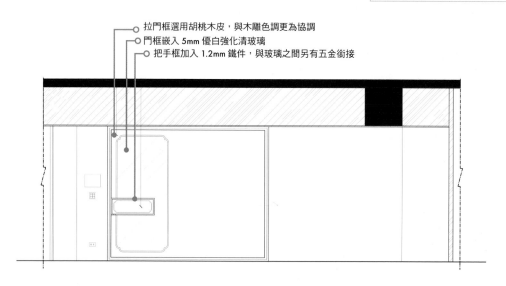

○— 拉門框選用胡桃木皮，與木雕色調更為協調
○— 門框嵌入 5mm 優白強化清玻璃
○— 把手框加入 1.2mm 鐵件，與玻璃之間另有五金銜接

設計手法 17 · 黑鐵符合空間調性，上下玻璃兼顧透光與隱私需求

運用範圍：拉門

玻璃種類：雙方格玻璃

設計概念：可收拉的玻璃門區隔了臥房與廊道，由於此屋的採光集中在臥房一側，因此為了讓光線能順利透入公區域，設計師決定採用玻璃作為拉門的材質，並搭配與空間冷練調性相合的黑鐵。將玻璃面安排在門片的上下兩處，中間則以黑鐵鋪面提供適當的遮掩，亦可避免將光線阻斷。圖片提供 _ 兩冊空間制作

施工關鍵 TIPS

1. 由於鐵件為具有彈性的材料，加上若經過烤漆的過程，有時候會導致鐵件產生些微的彎曲，此時會使玻璃在嵌入產生破裂，因此在兩者嵌合之前需先檢查鐵件的狀態。

2. 在裝上拉門之前，須謹記再三檢查尺寸是否正確，以免在安裝結束後發現無法正常使用。

金屬拉門面烤鐵灰色烤漆處理

上下搭配 5mm 的強化方格玻璃，適度達到引光效果

45

240

45

設計手法 18・潑墨與水彩交疊出層次感

運用範圍：拉門

玻璃種類：長虹玻璃、清玻璃

設計概念：屋主喜歡空靈禪意的空間感，設計師特別在全室採用水泥牆面與清波璃飾品櫃等設計元素來營造虛無感，而在開放的中島餐廚區則以白格柵天花飾板、大理石中島以及長虹玻璃拉門，圍塑出中西對映的精緻休閒生活質感，與其它水泥牆空間的樸素形成反差，反而成為公共區的聚焦點之一。圖片提供＿尚藝室內設計

施工關鍵 TIPS

1. 長虹玻璃具有特殊凹凸直紋，可讓拉門後方的廚房暈染出水墨畫般的影像，與前方中島水彩般石紋相映成趣。

2. 除了廚房，在客廳的清玻璃櫃則是凸顯出水泥塗料牆的樸質，呼應了虛無空靈的設計美感。

選用長虹玻璃，軌道預埋於結構內

鐵件框架凸顯細緻質感

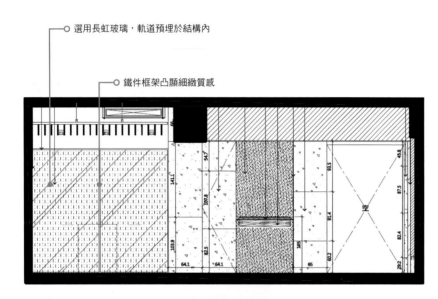

設計手法 19 · 玻璃拉門重新定義生活空間

運用範圍：拉門

玻璃種類：清玻璃、長虹玻璃

設計概念：對於小宅空間來說，客廳在朋友來訪時被視為公領域，適合與餐廚區做聯結、展現開放性；但是，日常只有夫妻兩人使用時卻更像私人起居間，最好能與臥室零距離互動。為了滿足一個客廳、二種不同角色扮演，設計時藉由客、餐廳間的玻璃拉門，以及客、臥中間的摺疊門交叉運用，重新定義生活空間，滿足不同情境的使用需求。

圖片提供 _ 漢玥設計

施工關鍵 TIPS

1. 拉門以二段式異材質設計，上方清玻璃可保留最佳採光與戶外城市景觀，下方長虹玻璃則濾除部分客廳雜亂感。

2. 軌道式拉門可以完全收納進牆面中，讓客廳與餐廚區的連結更無隔閡。

上段使用清玻璃，留住高樓景致

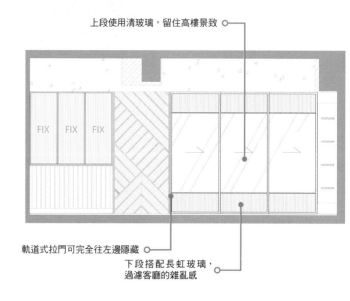

FIX FIX FIX

軌道式拉門可完全往左邊隱藏

下段搭配長虹玻璃，過濾客廳的雜亂感

設計手法 20 · 隔音玻璃阻隔環境噪音干擾

運用範圍：摺疊拉門

玻璃種類：雙層隔音玻璃、強化清玻璃

設計概念：巷弄內老宅與鄰居緊密相連，特別將室內空間內縮一米多，建築外觀鋪設白色立體擴張網、打造半戶外綠樹陽台，自行造景、提升生活質感，更與自然氣候、四季變化和諧共存。玻璃摺門是隔絕二樓陽台與室內分野，採用雙層隔音玻璃降低環境噪音干擾。圖片提供＿KC design studio 均漢設計

施工關鍵 TIPS

1.二樓陽台只以鏤空擴張網作外牆，呈現半戶外狀態，為了阻絕雨水濕氣，折門軌道與地坪玻璃框架都需作防水處理。

設計手法 21．用燈光決定灰玻的清晰程度

1. 拉門選用鐵框折料烤黑漆，與灰玻璃的色調更為協調。

運用範圍：櫃體門片

玻璃種類：灰玻璃

設計概念：喜愛收藏動漫與公仔的屋主，又偏好日式簡約風格的居家，如何讓收藏融入空間之中，設計師巧妙選用灰玻璃材質，不完全的透視性，然而當燈光投射時又能更通透，於是餐廳旁的玻璃展示櫃，便選用灰玻璃拉門打造，內部藏射光源，夜晚時開啟即可欣賞這些展示物件。圖片提供＿日作空間設計

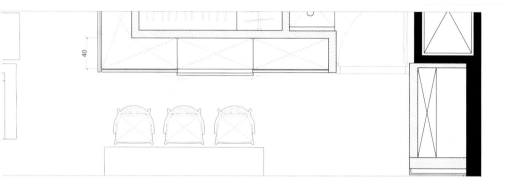

門框使用 15 × 20mm 的鐵框烤黑漆
拉門玻璃是 8mm 強化灰玻璃，打開燈光才會透出展示品

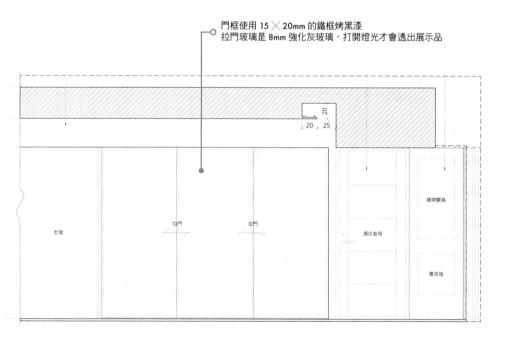

設計手法 22 · 玻璃摺門彈性敞開、分享空間

運用範圍：摺疊拉門
玻璃種類：清玻璃
設計概念：與客廳相鄰書房可視為公共廳區的空間延伸，選用摺疊拉門是為了能夠盡可能地開放空間、減少場域遮蔽隔閡。當練三鐵的男主人需要鍛鍊與辦公時，可以拉上門片阻隔聲音干擾，而透明玻璃門片的穿透性，除了避免實牆壓迫感外，亦可讓夫妻兩人能有視線交流。圖片提供 _ 諾禾空間設計

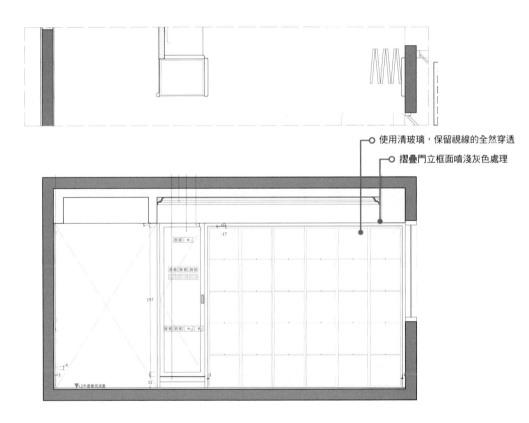

○ 使用清玻璃，保留視線的全然穿透

○ 摺疊門立框面噴淺灰色處理

1. 玻璃摺門由六道厚度
   3.5cm 門片組合而成，
   當全部收在一側時會有
   3.5cm × 6 約莫 21cm
   總厚度。

設計手法 23 · 局部透空拉門隔絕油煙、減少悶熱也身兼貓洞

運用範圍：拉門

玻璃種類：壓花玻璃（小冰柱）

設計概念：從事影像創作的屋主，希望家可以保持簡單乾淨的樣貌，但又必須納入貓咪的需求，於是廚房拉門摒除制式的貓洞裝置，而是利用細膩的黑鐵框架與玻璃材質結合，下方預留貓咪走動的門洞設計，也創造出另一附加價值，當廳區開設空調，透空部分可讓冷空氣流入，稍微降低悶熱感。圖片提供_FUGE GROUP 馥閣設計集團

拉門嵌入 5mm 的小冰柱玻璃

鐵件拉門框為粉體烤漆處理為消光黑質感

分割橫桿同樣以粉體烤漆成消光黑

折出 2cm 的暗把手

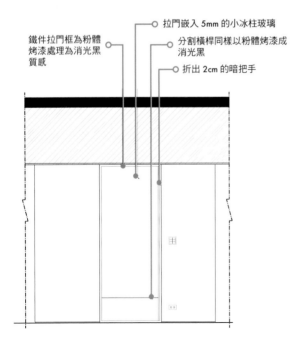

施工關鍵 TIPS

1. 由於小冰柱玻璃有 240 公分的高度限制，此間新成屋為 3 米屋高，因此下方透空處預留約 30 公分，也讓貓咪能自在穿梭。

2. 選用黑鐵框架，細緻度好強度又夠，加上整個住家同語彙共同。

3. 黑鐵框架先製作完成，再丈量玻璃尺寸，黑鐵框架內同時預留玻璃內嵌的位置，再讓玻璃從後方放入，接著填矽利康，如此就能避免面對廳區的門扇看見矽利康。

設計手法 24 · 保持空間的靈活與流通感，清玻璃貼膜避免孩童撞上

運用範圍：摺疊門

玻璃種類：清玻璃貼膜

設計概念：玻璃門十分適合作為區隔兩空間的輕透材質，此門將起居室以及多功能室分隔開來，卻也保留了開放性，由於多功能室平時使用頻率較低，因此特意採用摺疊式門片，可於收納時最大程度的減少視線與動線的障礙。刻意於玻璃上黏貼了一層膜紙，使其呈現霧面的效果，避免孩童在嬉戲玩鬧時忽略了玻璃的存在而一頭撞上，此外也能讓借宿的客人保有私密性。圖片提供_兩冊空間制作

施工關鍵 TIPS

1. 在預算不足的情況下，可嘗試以鍍鋅材質取代鐵件，自帶花紋且不失美感的鍍鋅鋼板與玻璃的結合亦具有高度的實用性，防鏽效果也較鐵件為佳。

2. 在實際安裝之前，務必將玻璃垂直置放於墊料上頭，千萬不可將其平放、堆疊或者承重，避免玻璃產生損傷。

選用 8mm 強化清玻璃貼膜呈現霧面效果

摺門框架以鍍鋅材質，防鏽效果佳

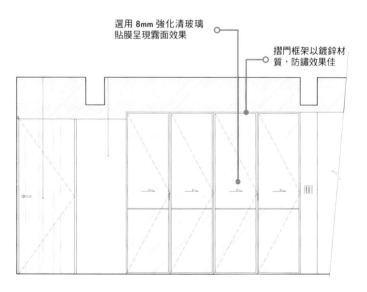

設計手法 25．彈性共享空間的摺疊拉門

運用範圍：摺疊拉門

玻璃種類：強化清玻璃、小冰柱優白玻璃

設計概念：20 坪的兩人住家依照需求分隔出主臥、書房兩房格局。書房與餐、廚區相鄰，是夫妻兩人皆會頻繁使用的居家生活重心，因此設計師利用摺門開啟時可將遮蔽降至最低的特性，讓兩個場域平時呈現全開放狀態、共享空間與光源。考量到親友到訪時的住宿需求，書房還另外設置臥榻與布簾、以備不時之需。圖片提供 _ 諾禾空間設計

施工關鍵 TIPS

1. 摺疊門走上軌道固定，選用鋁料骨架與 5mm 強化清玻，盡可能減輕五金載重，滿足安全性與使用年限雙重需求。

2. 兩種玻璃直橫交錯使用，利用細鋁本色骨架作銜接、減輕線條痕跡。

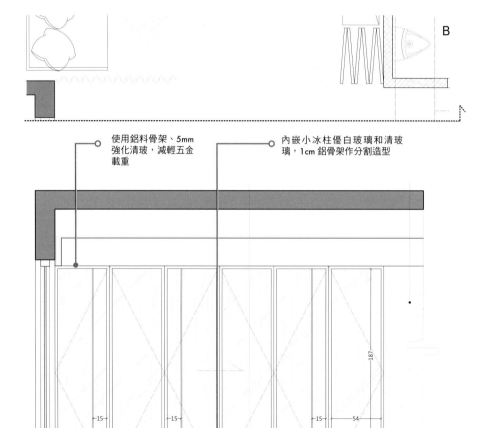

B

使用鋁料骨架、5mm
強化清玻，減輕五金
載重

內嵌小冰柱優白玻璃和清玻
璃，1cm 鋁骨架作分割造型

187

15

15

15

15

54

15

37

設計手法 26 · 小冰柱滑門借光入室

運用範圍：拉門

玻璃種類：小冰柱玻璃

設計概念：由於空間僅有前後採光，但又必須劃 分為三房，以橢圓形的概念去思考，公共廳區享有充沛光線，並將書房配置於臨窗面，加上屋高達 3 米左右，為解決毗鄰書房的小孩房採光問題，遂於書房的閣樓處開設一道拉門，讓光線可通透至孩房，選用小冰柱樣式的壓花玻璃，也多了一點隱私性。圖片提供 _ FUGE GROUP 馥閣設計集團

施工關鍵 TIPS

1. 使用滑門方式，才不會影響閣樓的使用空間。

2 滑門玻璃厚度約 8mm，此處配置上下軌道，除了考量下方正好有夾層厚度結構，可順勢將下軌道埋進結構內，一來也是當人站在下方要開啟門片時，通常手的高度會在門片下方，同時有下軌道可讓門片減少晃動，更為穩固安全。

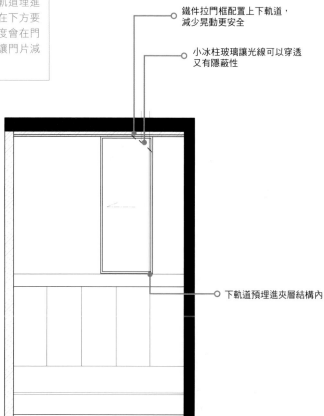

鐵件拉門框配置上下軌道，
減少晃動更安全

小冰柱玻璃讓光線可以穿透
又有隱蔽性

下軌道預埋進夾層結構內

設計手法 27 · 玻璃門扇、隔間玩出光影變化

運用範圍：門片、隔間

玻璃種類：方格玻璃、噴砂玻璃

設計概念：在希望兼顧光線的通透與隱私性的考量下，玻璃是最好運用的材質之一，更衣室選用方格玻璃摺疊門扇，僅可感受光影而無法透視內部景象，與更衣室毗鄰的客房一側，則選用噴砂玻璃作為輕隔間，透視度更低，更具有私密性，也藉由不同表情的玻璃種類，折射出光影的變化性，因而包含餐桌吊燈也選用玻璃燈罩形式，讓光成為空間的主題。圖片提供 _ 湜湜空間設計

設計手法 28 · 弧形灰玻消弭銳角、放大空間感

運用範圍：摺疊門、隔間
玻璃種類：灰玻璃
設計概念：35 坪左右的新成屋格局
面臨幾個問題，一是廊道略長，其次
是面對走廊兩道牆的進出面落差過
大，邊角正好對著沙發，為了消弭原
始格局產生的不舒適感，於是將餐廳
旁的多功能房隔間以圓弧線條修飾，
弧線不單單是裝飾也成為空間的重心
語彙，搭配灰玻璃材質，降低透視
度、可遮擋房內的生活物件，弧形隔
間配上摺疊門而非拉門，則是爭取更
大尺度的開口，弱化長廊也產生寬廣
的視覺感。圖片提供 _ 湜湜空間設計

施工關鍵 TIPS

1. 摺疊門採懸吊式軌道，捨棄下軌
   道，讓地坪更為完整一致。

2. 依照現場放樣製作鐵件框架與玻璃
   尺寸，鐵件框架預留溝槽放置玻
   璃。

3. 木作天花結構鎖於真正的樓板上，
   並於鐵件框與天花銜接處加強角
   料，增加結構的穩固性。

設計手法 29 · 玻璃拉門共享光源，保障隱私

運用範圍：拉門

玻璃種類：強化清玻璃

設計概念：25 坪住家將空間對切為公私領域，以沙發旁的玻璃拉門做分野，一邊是開放式的餐、廚廳區，另一側則為全家人的臥室區。透明的清玻璃材質可讓兩邊光源互相共享，睡寢、換衣時則能拉上布簾保障隱私，透過不同需求彈性調整。圖片提供 _ 諾禾空間設計

施工關鍵 TIPS

1. 設定門片框架後，將尺寸訂製的 5mm 強化清玻璃嵌入邊框，最後再焊接格狀骨架。

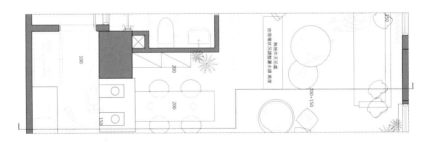

○ 格狀骨架內選用 5mm 強化清玻璃

○ 先將玻璃嵌入邊框，再焊接格子狀骨架

設計手法 30・電控玻璃智慧調整私密指數

運用範圍：主臥門

玻璃種類：電控玻璃

設計概念：從未來屋主的宗教習慣出發，把小組聚會等生活作息納入設計中，例如調整客、餐廳的位置與大小，將廳區採光、視野最好的地方設置為大長桌餐廳等等，方便人與人之間的交流，滿足閱讀、用餐、聚會、分組討論各種可能。臨窗處透過磁磚與超耐磨地板的材質延伸至主臥，穿透電控玻璃門片，達到串連視覺、拉闊場域效果。

圖片提供 _ 一它設計 iT Design

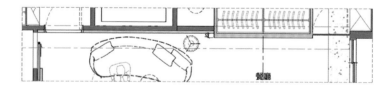

電控玻璃為 8mm 厚度，
無需外接電源就能遙控開關

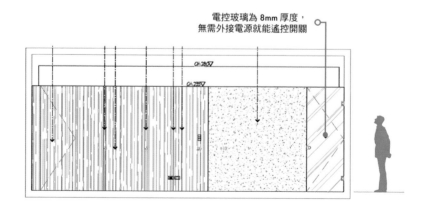

設計手法 31 · 圓弧灰玻反射柔和光線

運用範圍：浴室門

玻璃種類：灰玻璃

設計概念：經過微調後的格局，空間皆能享受被綠意包圍的優勢，考量開放式餐廚已有大面窗景看見樹景，加上室內多半以白色、清玻璃材質為主，清玻璃具有延續性而非反射性，若衛浴門片再使用清玻璃，反而會過於直接，因此改以暗色灰玻璃搭配，如此一來反射出來的光線也會變得比較柔和，而灰玻璃的指紋也較不明顯。圖片提供 _FUGE GROUP 馥閣設計集團

木作施作出圓弧造型，再將切割好的明鏡貼覆。

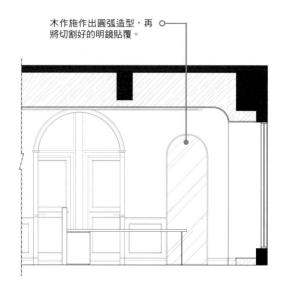

施工關鍵 TIPS

1. 考量衛浴空間有限，圓弧門扇採用內推隱藏門形式。

2. 圓弧玻璃須先以木作框的尺寸做打樣裁切，再以磨邊修飾邊角線條。

設計手法 32 · 老件軟裝配搭美式復古風格

運用範圍：門窗

玻璃種類：清玻璃、壓花玻璃、鑲嵌玻璃

設計概念：刻意內縮的咖啡館門口與吧檯，使得咖啡館營造出隱蔽的空間氛圍，而不是一眼望穿通透到底的空間質感。業主從國外購得的古董木門片，藍綠色向外，白色向內，與吧檯木皮刻意保持粗糙塗裝效果，搭配吧檯上方的奶油燈古董燈具等老件軟裝，讓空間演繹出自然不造作的美式復古風格。

圖片提供 _ 太工創作設計

施工關鍵 TIPS

1. 不鏽鋼與清玻璃、壓花玻璃結合凡是 90 度交界面處，都是以矽利康做收邊。

2. 為了與古董門片質感一致，在不鏽鋼上進行仿舊塗料處理，更有老舊復古的設計感。

設計手法 33 · 水紋玻璃朦朧視野　成透光隔屏

運用範圍：拱門

玻璃種類：水紋玻璃

設計概念：不同世代分別住在透天厝各樓層，空間上需平時可以相互交流、又能各自獨立享有自己的場域。一樓連結廚房、客廳及孝親房的交通樞紐穿堂過道，利用三道復古歐式拱門手法，暗喻機能上的變換。大面積的水紋玻璃門片，令光線穿透、卻不會讓人一眼看透，達到朦朧視野效果。圖片提供_浩室設計

PART 01

材質
選擇

外牆、門窗的玻璃選用以安全、氣密、隔音、節能為主要考量，若是位於西曬面的空間，建議可選用 Low-E 節能玻璃，隔熱效果佳也能節省空調，低樓層住宅除了可用膠合玻璃，也能選用防侵入玻璃，特別是公寓、獨棟住宅更為適合，而風格獨具的鑲嵌玻璃，除了常見門窗運用，也可規劃為室內隔屏。

外牆、窗的玻璃材比較

種類	鑲嵌玻璃	防侵入玻璃	Low-E 節能玻璃	U 型玻璃
特色	以多片色澤和質感相異的彩色玻璃構成，常見於教堂，多種玻璃材質可折射出獨特的光影效果。	將兩片（或以上）的玻璃，透過特殊膠膜與聚碳酸酯板材（Polycarbonate）膠合而成，其中核心材料聚碳酸酯板材具高度堅韌性、耐候性、隔熱性及輕量、可彎曲等優點。	減輕反眩光公害，具備高透光、高隔熱與低反射性，可容許光進入室內同時隔絕熱能、冬暖夏涼。	由石英砂和部分回收碎玻璃等原料製成，因其 U 型斷面，較一般的平板玻璃具有更高的撓曲度與機械強度，同時具有理想的透光性。
挑選	彩色玻璃燒製有高級與普通等級之別，顏色不同也會反映在價格上。	注意區分玻璃中間膠合層的材質，並應了解商家是否提供產品保固，以及保固年限及內容。	複層 Low-E 是節能隔熱的最佳選擇，膠合 Low-E 則是有較佳的隔音表現，但隔熱功效較為不足。	用於建築物外觀，須留意 U 型玻璃的強度是否合乎標準、尺寸大小。
施工	單一面鑲嵌玻璃面積愈大，重量愈重，運用於戶外應考量強度與風壓，可搭配金屬輔助做為結構支撐。	安裝防侵入玻璃時需搭配同樣具安全性的窗框才有保障。	金屬框的設計排水性要良好，避免因積水而導致玻璃變質起霧。	將有側翼的一面朝內，另一面朝外，將玻璃上下扣入溝槽內即可。
價格	以圖案和才數計價	NT.670～1,230 元／才	請洽廠商	接近玻璃帷幕牆價格

圖片提供：KC design studio 均漢設計

01 · 鑲嵌玻璃 | 永不褪色的彩色玻璃光影藝術

| 特色解析 |

源於中古歐洲的鑲嵌玻璃,是以多片色澤和質感相異的彩色玻璃,精確地依設計圖裁切成形,再經過磨邊、焊接、補土等繁複步驟,特別是在早期歐洲的教堂相當容易看得見。一般彩繪玻璃是普通平板玻璃,噴砂後再噴顏料,顏料經紫外線照射會褪色,而鑲嵌玻璃可以歷經幾百年而不褪色,也因為每種顏色的玻璃燒製過程並不相同,各種彩色玻璃的紋路與質感呈現亦有分別,尤其自然光產生的折射光影使得彩色玻璃美感尤為出色,若是磨邊玻璃透過自然光甚會產生如彩虹般的光影效果,這樣的透光差異也是鑲嵌玻璃迷人的地方。此外,一般玻璃破裂就得整片報廢了,但鑲嵌玻璃是一片片組成且有鉛條嵌住固定,因此不會整片崩落,可以單獨修復處理,無論實用或典藏價值兼有之。

| 挑選方式 |

由於鑲嵌玻璃最早且最普遍的印象多與教堂有關,並以聖經典故為主要內容,早期圖稿形式重於幾何圖形,隨著時代演變,客製化內容取代傳統目錄圖稿,題材設計融合故事性,例如個人生活經驗等等,並且從公共空間走向居家設計,甚至公共藝術等範疇,使得鑲嵌玻璃藝術層面愈精緻獨特。而彩色玻璃燒製有高級與普通等級之別,一般而言,金屬氧化物對玻璃的成色作用會因玻璃類型的不同而產生差異,多種金屬氧化物若配比不同,玻璃的顏色也會不同,也會反映在價格上。

森之戀

天井本身就是絕佳自然採光的環境
條件，這幅以宮崎駿動漫畫風為靈
感的森之戀，搭配透光性強的鑲嵌
彩色玻璃，並加上強化玻璃保固之
下，隨著日光角度不同，愈能顯現
光影變化奇特。圖片提供 _ 芳仕璐
昂琉璃藝術館

| **設計運用** |

鑲嵌玻璃在國外已非常廣泛運用在居家空間設計上，小至餐盤、門牌，大至推門拉門、落地窗、屏風、燈飾、壁飾、建築外牆及公共藝術等等。只要透光性強的地方，效果就非常好，尤其有自然採光條件的天井、窗、大門，愈能表現鑲嵌玻璃的色彩光影；鑲嵌玻璃若藉助燈光投射，反而形同一具燈箱，彩色玻璃少了不同的折射角度，光影變化效果不如自然光。

| 適用空間 | 門牌、建築外牆、窗、門、室內隔屏、玄關、大門、拉門、壁飾及公共藝術
| 計價方式 | 以圖案設計和才數計價（含施工），圖案密度越多越貴，以及搭配的玻璃材質不同也有價格上的差異。
| 產地來源 | 台灣

| **施工方式** |

1. 鑲嵌玻璃的施工在於每一塊彩色玻璃的周圍都有 H 形鉛條壓抵邊緣，如此所構成的圖案便有條紋勾邊的特殊效果；而圖案愈複雜，玻璃片數愈多。

2. 在天井位置安裝鑲嵌玻璃時，由於彩色玻璃是一片片鑲嵌組成的，所以鑲嵌玻璃的前後面要用強化玻璃包覆起來，以確保耐用安全。

3. 單一面鑲嵌玻璃面積愈大，重量愈重，有其延伸極限，尤其是戶外空間還有風壓強度考量，在施作時可結合複合媒材延伸畫面，例如利用金屬輔助做為結構支撐。

4. 若是施作為隔屏，流程是先將木作、鐵件框架完成，再利用壓條、矽利康固定鑲嵌玻璃，使用壓條的優點是，後續維修較為便利，不易破壞原有框架。

5. 鑲嵌玻璃若施作為門片，最怕風壓大震動造成斷裂，因此建議門扇加裝緩衝器，如果想要更強化，玻璃背面也可以多加一層強化玻璃，增加強度，也可以維持正面的立體圖形的折射光影美感。

幾荷

以抽象概念的荷花圖案為佛堂迴廊設計，由於是 3D 轉折形式，而非平面空間，於是結合複合媒材的應用，先在欄杆利用黑鐵架構成型，再按照每個區塊將一片片彩色玻璃鑲嵌上去。圖片提供 _ 芳仕璐昂琉璃藝術館

春季花語

在決定鑲嵌玻璃之前，最好事先實地看過現場環境。春季花語的這幅窗花以公園大樹作為遠景，上半部使用霧面玻璃與大量的花色圖案遮掩了周邊的水泥建築，下半部則為透明玻璃，使窗外的樹葉與彩色玻璃上的綠葉相呼應，這就是納入地景環境的巧妙之處。圖片提供 _ 芳仕璐昂琉璃藝術館

02 · 防侵入玻璃 | 門窗防盜新趨勢

| 特色解析 |

澄澈透明的玻璃是邀大自然入室的最佳建材,但其優異穿透性能下卻有著安全性不足的疑慮,而防侵入玻璃便是為此而生。根據歷年刑案統計,歹徒侵入住宅犯案如果超過 5 分鐘未能入侵,放棄做案比例高達 69%,所以如何延長歹徒犯案時間就是防侵入玻璃的產品關鍵。防侵入玻璃是將兩片(或以上)的玻璃,透過特殊膠膜與聚碳酸酯板材(Polycarbonate)膠合而成,其中核心材料聚碳酸酯板材具高度堅韌性、耐候性、隔熱性及輕量、可彎曲…等優點,被認定為耐衝擊強度最高的透明材,因此可使防侵入玻璃在遭遇破壞時可承受最久達 30 分鐘不被貫穿,防盜功能更勝鐵窗,讓室內門窗在享受全景觀開放視野時更安全。此外,防侵入玻璃針對防颱、防災、隔熱、隔音等也都具有優異效能。

| 挑選方式 |

很多人都會混淆膠合玻璃與防侵入玻璃;首先要注意區分玻璃中間膠合層的材質,膠合玻璃是由兩片玻璃中間夾有一層 PVB 膜,它沒有防盜性能,手持小型工具敲擊下 3 ~ 5 秒即可貫穿。而防侵入玻璃是由 2 片玻璃與透明材料中耐衝擊強度最高的聚碳酸酯板材(Polycarbonate),在高溫高壓條件下膠合而成,其聚碳酸酯板厚度越厚,防侵入時間越長。選購時可根據自己對於防侵入強度要求來決定規格,最重要是應了解商家是否提供產品保固,以及保固年限及內容。

| 設計運用 |　　　　防侵入玻璃可直接用於門窗防盜或建築外牆上。特別是針對不喜歡被格子窗、鐵窗切割視野的建築物，只要選對玻璃就可享受無死角的全景觀視野，且擁有更高的防盜性能與隔熱節能效果。例如許多私人別墅、庭園景觀宅或知名連鎖咖啡集團，均採用大片落地窗做為建築景觀的靚點，但若因防盜考量，給它們裝上鐵窗或格子窗，價值與美觀將會盡失。此外，如商業空間的櫥窗、精品櫃甚至交通機具都可運用防侵入玻璃提供更高安全性。

強化玻璃

膠合玻璃

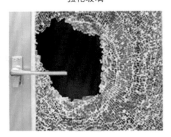

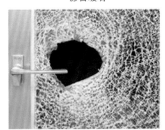

低於 1 秒

3 ～ 5 秒

雷明盾 LFE 防侵入玻璃

5 ～ 30 分鐘以上

手持小型破壞工具敲擊材料對比
模擬歹徒手持小型破壞工具敲擊強化玻璃、膠合玻璃與防侵入玻璃的受損狀況對比。圖片提供 _ 台燁有限公司雷明盾創新玻璃

| 適用空間 | 外牆、門窗、精品櫥窗、交通機具
| 計價方式 | 以才計價,施工工資另計
| 價　　格 | NT.670 ～ 1,230 元／才 (此僅為牌價,專案另有優惠或特殊尺寸另行報價)
| 產地來源 | 台灣

雷明盾 LFE-SC 防侵入 Low-E 節能玻璃

圖為防侵入 Low-E 節能玻璃,其防侵入效果與中間層核心材料聚碳酸酯板材的厚薄息息相關。圖片提供 _ 台煒有限公司 雷明盾創新玻璃

| 施工方式 |　防侵入玻璃為建築類門窗使用居多，安裝與一般玻璃安裝大同小異，並無特殊工法要求，實際施工時多半會與客戶所選擇的鋁門窗業者配合施工。不過要提醒是，安裝防侵入玻璃時應特別要求窗框的品質，主要是因為防侵入玻璃不易被貫穿，相對的歹徒可能會由破壞窗框著手，因此需搭配同樣具安全性的窗框才有保障。此外，國內知名領導品牌在全台各地區也都有配合的協力廠商，可以為全台用戶提供產品諮詢及安裝服務，消費者可多加利用。

私人別墅門窗因選用防侵入玻璃可享無死角全景觀視野，且擁有優異防盜性能與隔熱節能效果。圖片提供 _ 台煒有限公司 雷明盾創新玻璃

03 · Low-E 節能玻璃

居家開闊視野、冬暖夏涼的關鍵防線

| 特色解析 |

Low-E 玻璃（Low-Emissivity glass 即低輻射玻璃），是在玻璃基板上，以真空濺鍍方式將金屬膜層鍍在玻璃上，讓產品接近玻璃原色、同時對波長 380nm 至 780nm 的可見光波段有著高透視率，減輕反眩光公害，具備高透光、高隔熱與低反射性，可容許光進入室內同時隔絕熱能、冬暖夏涼，所以是兼具節能、採光效果的建材。

| 挑選方式 |

市面上常被稱為 Low-E 玻璃產品通常為膠合 Low-E 與複層 Low-E。複層 Low-E 玻璃是由兩片玻璃中灌入熱的不良導體——乾燥空氣或惰性氣體，以達到阻絕熱對流、熱傳導的終極目標，因此是節能隔熱的最佳選擇。膠合 Low-E 沒有空氣層阻隔，有較佳的隔音表現，但隔熱功效則較為不足。

Low-E 玻璃

具高透光性、高熱阻絕性、低反射性，使光線可進入室內並有效隔熱，避免傳統反射玻璃的炫光公害，達到節能、舒適、室內採光目的。攝影＿沈仲達／產品提供＿台玻

| 種　　類 |　Low-E 節能玻璃可依鍍膜方式分為「在線式」（on-line）和
「離線式」（off-line）兩種。前者利用熱解程序將薄膜材
料鍍覆於平板玻璃上，此方式因與玻璃製成連線，所以稱「在
線式」。後者是以真空濺射方式，將玻璃表面濺鍍多層不同
材質鍍膜，其中鍍銀層對於紅外線光具高反射功能，即高熱
阻絕。依膜層不同，可細分為單銀、雙銀及三銀等幾種產品。
「在線式」及「離線式」鍍膜均建議以複層玻璃使用才能發
揮 Low-E 鍍膜最佳節能效益。

| 適用空間 |　窗戶、玻璃帷幕
| 計價方式 |　以才計價（不含施工）
| 價　　格 |　請洽廠商
| 產地來源 |　台灣

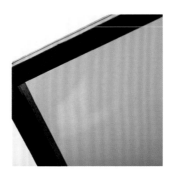

離線鍍膜又比在線鍍膜性能更
好，更具節能效果，且顏色選擇
較具多樣性。攝影＿沈仲達／產
品提供＿台玻

| 設計運用 |

大面積玻璃帷幕大樓是目前建築主流，就是因為玻璃材質天生具備獨有的透視、透光性，為了強化外牆功能，具備隔熱、抗噪、節能、防眩光等諸多優點的 Low-E 節能複層玻璃應運而生。根據地處位置不同，亞熱帶、熱帶區域鍍膜面安裝於由建築物外側往內數的第 2 面可隔熱；寒帶區域使用鍍膜面安裝於第 3 面則可保溫。

| 施工方式 |

1. 因 Low-E 金屬鍍膜接觸空氣容易發生化學反應、氧化，必須在極短時間內密封或加工為複層玻璃，因此無法單片使用，也才能發揮 Low-E 最佳效果。
2. 金屬框的設計排水性要良好，避免因積水而導致玻璃變質起霧。
3. Low-E 除了內外兩片玻璃、還得加上中空層的體積，光玻璃厚度就遠高於一般窗戶玻璃，施工前須先了解配合窗框是否能夠施作。

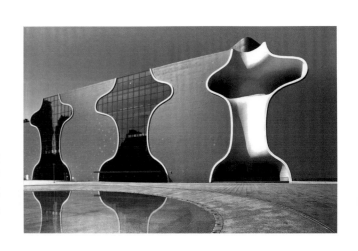

台中國家歌劇院

使用台玻雙銀低輻射複層玻璃，Low-E 複層玻璃是由兩片玻璃中灌入熱的不良導體——乾燥空氣或惰性氣體，達到阻絕熱對流、熱傳導的終極目標，是節能隔熱的最佳選擇。圖片提供 _ 台玻

高雄中鋼總部大樓

採用台玻灰色雙銀低輻射複層玻璃，可隔阻室外面高雄炎熱天氣的熱能，使室內面感覺舒適，減少室內空調損耗。攝影 _ 沈仲達／產品提供 _ 台玻

國泰置地廣場

使用台玻雙銀低輻射複層玻璃。圖片提供 _ 台玻

台北南山廣場

使用台玻單銀低輻射及微反射之雙鍍膜複層玻璃，以及台玻微反射膠合玻璃。圖片提供 _ 台玻

---

04 · U 型玻璃 | 夜光流淌的耀眼燈塔

| 特色解析 |

將玻璃經過特殊壓延，立體熱軋成型，形成兩邊具彎形側翼，透明條狀的牆體玻璃型材，因橫切面呈現 U 型輪廓而得名「U 型玻璃」，又稱「槽型玻璃」。由石英砂和部分回收碎玻璃等原料製成，因其 U 型斷面，較一般的平板玻璃具有更高的撓曲度與機械強度，同時具有理想的透光性、保溫隔熱性、較好的隔音性、施工簡便等優點。本身透光但不透視的特色，運用在需要自然散射光，又需要保有隱私的場合。

| 挑選方式 |

U 型玻璃室內室外均可安裝，如果用於建築物外觀，須留意 U 型玻璃的強度是否合乎標準、尺寸大小。針對安全性考量，可挑選有細鋼絲材質的 U 型玻璃，夾藏於玻璃中間的鋼絲具有懸吊和防墜功能，增加安全性；此外，還可選擇 Low-E 玻璃，針對臺灣夏季日照量驚人，可有效阻隔太陽光中的紅外線輻射熱能，抵擋太陽照射的熱能，減少熱量進入室內，冬季可有效防止室內熱量散逸，冬暖夏涼、隔熱保溫的效果，可有效降低空調費用。

U 型玻璃
將玻璃經過軋製使其側翼鑄成 U 型輪廓而得名。圖片提供 _ 昱達國際

U 型玻璃依其表面壓紋，可分成噴砂霧狀、長條形、平面以及點狀等多種壓花；在材質上則可分為一般透明和超白玻璃。如果需要顯著的隔熱效果，就可以選擇表面鍍膜的 Low-E 玻璃，既可減少建築因吸收太陽光產生的熱能，在冬季可以有效減少熱能流失，達到保溫效果。在顏色上，則可運用烤漆處理。不同的表面壓紋和顏色，可以產生多層次的視覺變化，達成多變的設計效果。

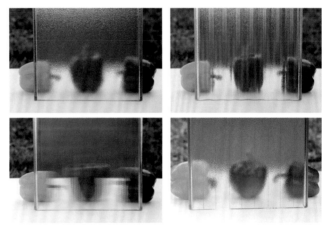

U 型玻璃有著不同的表面壓紋與顏色，形成不同的設計效果。圖片提供 _ 昱達國際

U 型玻璃擁有理想的柔和光線、較好的隔音性並保有隱私，大量應用在辦公空間，圖為盧森堡會議中心（CCK Conference Centre, Luxemburg）。圖片提供 _ 昱達國際

| 設計運用 |　U 型玻璃擁有相當大的設計靈活性，可以單層、雙層、直立、水平、圓弧安裝，當雙層使用，隔音的效果更高達 40 分貝。替代一般的玻璃帷幕系統，大量應用在建築外牆與室內設計中。透光但不透視，還可篩去刺眼的陽光，讓柔和的自然光引入室內，同時保有隱私，取代過去建材黑暗的採光問題，廣泛應用在會議室、樓梯間、停車場、樓梯間或室內隔間。當夜幕低垂，建築內部的光穿透玻璃傾瀉而出，形成耀眼的現代化外觀。

| 施工方式 |

1. U 型玻璃是一種靈活且施工簡便的建材，因無需直通鋁框料，所以可節省大量的金屬材料。
2. 突破一般平面玻璃在尺寸和跨度上的限制，在邊緣將鋁合金或鋼製邊框嵌入建築體，典型的安裝方式是將有側翼的一面朝內，另一面朝外，將玻璃上下扣入溝槽內即可。
3. 視需求可單層、雙層對扣安裝，安裝工法簡易，除了基本工具外，無須特殊的安裝工具。

| 適用空間 | 大樓外牆、隔間、樓梯間、會議室
| 計價方式 | 以面積（平方米）計價（不含施工）
| 價　　格 | 接近玻璃帷幕牆價格
| 產地來源 | 美國、德國、法國、中國

U 形玻璃透光但不透視的
特性,取代工廠原本的鐵
板和窗戶,形成了現代化
的外觀。圖片提供 _ 昱達
國際

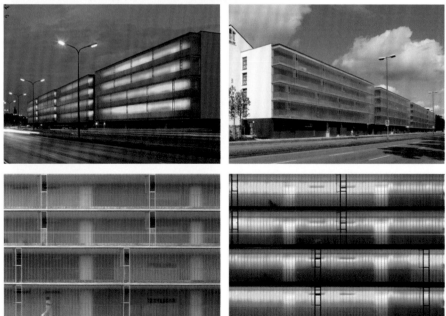

U 型玻璃在慕尼黑公寓(Innsbrucker Ring Munich, Germany)的應用實例,白天 U 型玻璃篩
去刺眼的陽光,讓光線引入室內;夜晚光線從建築物透出,成為色彩豐富的亮點。圖片提供 _
昱達國際

PART 02

外牆、窗
設計與
施工關鍵

不論選用哪種玻璃材質，窗戶施作最重要是窗框四周的防水工程，大面積外牆則是注意風壓與玻璃結構性，天井也得考量風向與下雨問題，像是留意開口比例的分配，同時留意隔熱、散熱問題。

設計手法 01 · 在家透過蛋型天窗看星星

運用範圍：天窗
玻璃種類：膠合玻璃
設計概念：透天厝三樓屋頂，擁有著一般公寓大樓住家難以達到的設計自由度，設計師將其原有屋頂改為設計感十足的單斜頂方式呈現，並天花木作手工打造一個蛋型凹槽，同時於斜面開啟圓型天窗為「蛋黃區」，令三樓夾層不僅為收納放置東西的空間，更是屋主一家能輕鬆坐臥閱讀、聊天賞星的秘密天地。圖片提供 _ 一它設計 iT Design

施工關鍵 TIPS

1. 為了安全、隔音等種種考量，天窗採用 5mm＋5mm 膠合玻璃，窗框以矽利康填實縫隙、做防水處理。

設計手法 02 · 咖啡館櫥窗，鋪陳虛實掩映

運用範圍：門窗

玻璃種類：清玻璃、鑲嵌玻璃

設計概念：因應咖啡館的商業空間，以櫥窗手法呈現設計形式，考量單面玻璃過於單調，加上業主從國外帶回的彩繪玻璃窗，於是巧妙運用不鏽鋼框架，再加以嵌入彩繪玻璃，搭配清玻璃材質，賦予裝飾效果。在戶外大量盆景植栽掩映下，室內刻意保持暖黃燈光的幽暗情境，形塑虛實空間感的氣氛鋪陳。圖片提供 _ 太工創作設計

施工關鍵 TIPS

1. 不鏽鋼與玻璃結合凡是90度交界面處，都是以矽利康做收邊。

2. 彩繪玻璃木框與不鏽鋼框交接處，再進一步加裝隱藏螺絲卡住。

設計手法 03 · 玻璃夾百葉，不止透光還能透氣

運用範圍：窗

玻璃種類：雙層玻璃

設計概念：為了化解主浴光線較為薄弱的問題，重新規劃的衛浴格局，利用客浴與主浴之間開了一道窗，採用兩片玻璃中間夾鋁百葉的做法，隨著百葉的角度調節，可靈活彈性決定透光與私密性，外推窗的設計也讓空氣的流通變得更好，不僅如此，因為是內夾百葉設計，對於日常清潔又格外輕鬆方便。圖片提供_FUGE GROUP 馥閣設計集團

施工關鍵 TIPS

1. 有別於一般百葉為繩索操作，這裡運用控制器的做法，主要由主浴控制百葉的角度。

2. 外推窗隸屬於鋁窗工程，鋁窗架設前的防水步驟也不能忽略。

設計手法 04 · 溫潤質樸素材，襯托食物為重點

運用範圍：外牆

玻璃種類：清玻璃、噴砂玻璃

設計概念：座落於 L 型角間的餐飲店鋪，由於業主期盼能營造出簡單、親近無距離感的日式氛圍，將重點放在餐點食物上，加上施工期有限，因此設計上大量運用常見的裝潢材料，如南方松、玻璃等，像是外觀便以木質搭配玻璃作出立面造型，以桌板高度為分割，對應室內則安置了插座，下方局部搭配噴砂玻璃，則是體貼女性顧客穿著短裙、短褲時更為安心。圖片提供 _ 湜湜空間設計

施工關鍵 TIPS

1. 外牆清玻璃、噴砂玻璃選用 8mm 厚並施作強化處理。

2. 木框架現場施作預留溝槽，再將玻璃嵌入填上矽利康固定。

設計手法 05 · 利用不同工法創造視覺效果

運用範圍：玻璃落地窗
玻璃種類：強化膠合清玻璃
設計概念：以大片落地窗作為吸引客人視覺的橋樑，引起路過的客人好奇心。落羽松木作染色夾板窗框，將強化膠合清玻璃框住，延續店內鄉村風。設計師為了讓立面視覺更有層次，以鍍鋅擴張網在落地窗上方做出拱形裝飾，落地窗下方則從內部貼上 **3M** 細點漸層膜，解決客人在意的用餐隱私問題。圖片提供 _ 開物設計

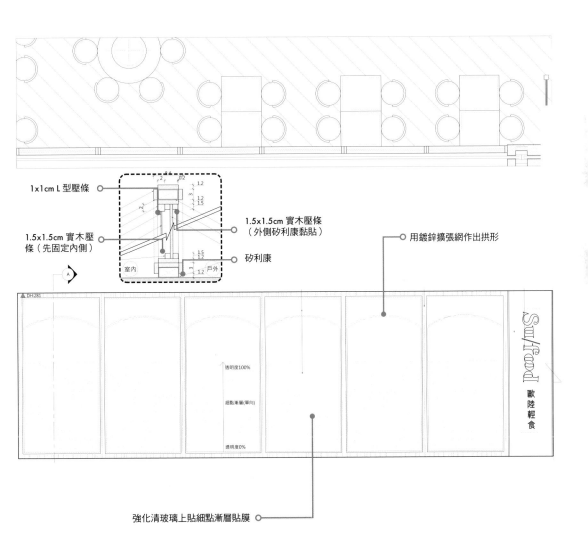

1x1cm L 型壓條

1.5x1.5cm 實木壓條
條（先固定內側）

1.5x1.5cm 實木壓條
（外側矽利康黏貼）

矽利康

室內　戶外

用鍍鋅擴張網作出拱形

透明度100%

細點漸層(單向)

透明度0%

強化清玻璃上貼細點漸層貼膜

Sug/food

歐陸輕食

DH:281

設計手法 06 · 三層膠合玻璃是天窗也是地坪

運用範圍：天窗
玻璃種類：三層膠合玻璃
設計概念：三樓為開放式的主臥空間設計，除了擁有可仰望星空、迎接陽光的天窗設計，居中更移除天花、改以三層膠合玻璃作地坪，圈圍出貫穿各樓層的專屬透明天景，讓光線層層灑落，照亮原始建築結構的裸露水泥肌理，解決巷弄街屋的採光、閉塞問題。圖片提供 _KC design studio 均漢設計

施工關鍵 TIPS

1. 為了抓齊地坪平整度，除了精準測量玻璃面積，支撐框架深度則需預留 10mm 強化清玻 ✕ 3、2mm 膠合厚度與 3mm 矽利康，共約 35mm 厚度。

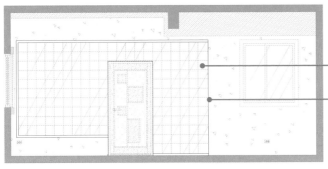

玻璃磚應配合牆面尺
寸進行整磚計劃

填縫劑應具備防水性能、
窗框也須確實施作防水

設計手法 07 · 老台味翻玩出文青風攝影棚

運用範圍：外牆

玻璃種類：玻璃磚

設計概念：屋主是位專業攝影師，買下這 37 年透天厝時就是喜歡中古老屋特有的人文韻味，並希望將這裡翻新作為複合型態的工作室兼攝影棚。為了凸顯老空間的溫度，選擇以玻璃磚、鐵窗花與水泥花磚等台式經典建材作為設計語彙，其中玻璃磚外牆則是以引入光影的概念作出發，將室內打造為與自然共生共處的光影實驗室，滿足屋主的攝影需求。圖片提供 _ 漢玥設計

設計手法 08 · 透光 U 型玻璃提升工廠明亮度

運用範圍：外牆

玻璃種類：U 型玻璃

設計概念：在民雄工業區裡，一家擁有 30 年歷史的專門從事飲水機生產和銷售的工廠，以精緻細膩為路線，創造建築物表情，賦予建築物生命。工廠的基地，最初作為存儲，保留建築物整體的結構，外牆上，使用了 U 型玻璃的特性，透光但不透視，取代了原本的鐵板和窗戶，從而消除了工廠黑暗的常見問題。當夜幕低垂，廠房內的燈光透過 U 型玻璃穿過，與旁邊的工廠牆的豐富色彩一起，形成了現代的外觀。圖片提供 _ 水相設計

施工關鍵 TIPS

1. 在邊緣將鋁合金或鋼製邊框嵌入建築體，將有側翼的一面朝內，另一面朝外，將玻璃上下扣入溝槽內即可。

設計手法 09 · 為居家空間注入朦朧光線

運用範圍：玻璃磚牆

玻璃種類：玻璃磚、鏡面

設計概念：設計師在勘查屋況時發現建築物本身原有的玻璃磚在下午經過陽光的折射後，光線特別美，在確定玻璃磚的狀態良好後建議屋主保留這一面引進光線的玻璃磚牆。此外，這一區為外廚區，主要以輕食、沙拉為主，沒有油煙吸附等問題，於是設計師選用部分鏡面壁櫃，提升空間質感。圖片提供_湜湜空間設計

施工關鍵 TIPS

1. 若要使用原始玻璃磚，必須先檢查玻璃磚的材質與接縫狀態，不過，若出現破損，還是建議重新砌比較安全。

2. 砌磚前需先依據玻璃磚寬度做好基礎底角，接著採用十字縫立磚砌法，搭配填縫劑自下而上，按上、下層對縫的方式來砌。

設計手法 10 · 超白 U 型玻璃打造剔透外觀

運用範圍：外觀招牌燈牆

玻璃種類：超白 U 型玻璃

設計概念：仁愛路上高樓大廈櫛比鱗次，冷靜剔透的超白 U 型玻璃燈牆勾勒吸睛量體輪廓，讓訪客留下深刻印象。純白明亮外觀呼應水的意象，與戶外林蔭綠道、藍天白雲相互掩映，讓氣勢恢宏的旗艦店面展現出簡約亮眼面貌。圖片提供 _KC design studio 均漢設計

施工關鍵 TIPS

1. 一般玻璃都會偏綠，這裡選用 1cm 厚度超白玻璃，透光率高於 90%，表現剔透純淨的精緻質感。

設計手法 11 · 玻璃百葉帶來通風兼具隱蔽性

運用範圍：窗
玻璃種類：強化玻璃
設計概念：座落於一樓的老屋改造，為熟齡者的單身居所，在考量安全性與通風採光的原因之下，原有舊木窗不更動，在外緣側加裝玻璃百葉，並更換新的鐵窗，玻璃百葉為霧面質感，可增加隱蔽性，透過葉片調整，室內通風效果佳。圖片提供_日作空間設計

施工關鍵 TIPS

1. 由於玻璃百葉無法完全達到密合，窗戶內同樣規劃紗窗，可避免蚊蟲進入。

2. 依據窗戶丈量所需要的百葉長度，寬度皆為固定規格。

設計手法 12 · 電動推射窗天井，用開窗尺寸、斜度提供透光通風

運用範圍：天井

玻璃種類：膠合玻璃

設計概念：狹長屋型的透天厝房子中間面臨沒有光線、空氣無法擁有良好對流的情況下，增加天井提供透光、通風與空間的韻律感，由於台灣氣候東北季風多，因此北面開窗小、南面開窗大，達到冬天保溫夏天散熱效果，搭配電動捲簾防止輻射熱的產生，兩側推射窗為電動控制，操作上更便利。圖片提供 _ 日作空間設計

施工關鍵 TIPS

1. 天井玻璃選用 8+8 膠合，加強安全性，並貼上隔熱膜，同樣可解決部分輻射熱。

2. 推射窗可降低雨水向內灑落的機率，同時於外側加裝止水墩，避免頂樓排水孔堵塞時可能造成的排水問題。

設計手法 13 · 打開舊窗，發覺歲月的美好

施工關鍵 TIPS

運用範圍：餐廳外觀立面

玻璃種類：方格玻璃、舊回收窗框、清玻璃

設計概念：透過新思維重新演繹廢棄物的定義。舊窗框被視為廢棄物，這是一個既定事實的平凡概念，殊不知它們融會了時間、歲月、風化的再現，體現了舊與新、垃圾與黃金、情感與記憶的鏈結。藉老舊物件作為中介質，相較於介質之外嶄新的環境更引人深省，提醒人們：從生活中發覺美的事物，喚醒人們對生活的感知，感受身邊最單純的美學。圖片提供 _ 沈志忠聯合設計

1. 藉著工業風的主題，在商業空間中將舊時代的老窗框，經過秩序性的重組，重新訴說另一個不同的故事。

2. 由於餐廳外直接臨街，不同窗戶的編排與開窗與否須思考店內客人的舒適性與室內、戶外的觀點。

設計手法 14・剔透玻璃磚打破實牆閉塞感

運用範圍：外牆、天井

玻璃種類：強化清玻璃、玻璃磚

設計概念：將 30 年老宅改裝為提供料理、美食交流的住辦工作室，將前庭採光引入室內，同時打破樓板限制，讓自然光滲入、地下室綠樹探出頭來，成功連結兩層空間。後院則納入主臥場域，以玻璃天棚與玻璃磚外牆堆砌出一方私密的日光鹽洗天地。圖片提供 _KC design studio 均漢設計

玻璃磚以水泥堆砌，
再以白色矽利康抹縫

設計手法 15 · 摺窗搭配室內外臥榻延伸，視野更開闊

運用範圍：窗

玻璃種類：清玻璃

設計概念：這間新成屋擁有露台的條件，然而原始建商配置的是一般推窗，考量屋主倆人平常喜歡邀約朋友聚會烤肉，希望露台與室內的連結更緊密，於是設計師將推窗改為摺窗形式，摺窗不但能完全敞開，加上從室內延伸到戶外的臥榻，創造出開闊的視覺感受，也讓屋主可以直接走出戶外，打破室內外界限。圖片提供 _ 湜湜空間設計

施工關鍵 TIPS

1. 摺窗玻璃材質選用 8mm 厚的清玻璃，達到氣密隔音效果。

2. 原始窗框拆除後須重新施作防水，嵌縫水泥填實也得確實，才不會影響防水性。

CHAPTER

3

玻璃取得

PART 01
玻璃採購

台玻集團

ADD：台北市南京東路三段 261 號 10 樓
TEL：02 27130333
EMAIL：tgi@taiwanglass.com
WEB/FB：http://www.taiwanglass.com

祥義玻璃股份有限公司

ADD：桃園市平鎮區工業五路 3 之 1 號
TEL：03 4691599
WEB/FB：https://www.shineglas.com/tw/

安格士國際股份有限公司

ADD：新北市五股區更洲路 23 號
TEL：02 29882123
EMAIL：service@bcd.com.tw
WEB/FB：http://www.bcd.com.tw/m/

嘉美彩色鑲嵌玻璃藝術工坊

ADD：新北市板橋區大觀路二段 28 號藝術大學
第二校區
TEL：02 82752596
EMAIL：jiameicolor@gmail.com
WEB/FB：http://www.jiameicolor.com

芳仕璐昂琉璃藝術館

ADD：南投縣竹山鎮大禮路 181 號
TEL：0916-067088
EMAIL：glass.fusing@msa.hinet.net
WEB/FB：https://www.fs-glass.com.tw

台煒有限公司

ADD：桃園市桃園區國際路一段 120 巷 20 號
TEL：03 362 0618
EMAIL：service@twam.com.tw
WEB/FB：https://www.twam.com.tw

DMI 昱達國際企業股份有限公司

ADD：台北市大安區忠孝東路四段 311 號 7 樓之 1
TEL：02 27119128
EMAIL：service@double-ming.com
WEB/FB：www.double-ming.com

櫻王國際

ADD：台中市南屯區龍富路三段 668 號
TEL：04 23860788
EMAIL：info@kinown.com
WEB/FB：http://www.kinown.com

春池玻璃

ADD：新竹市香山區牛埔路 176 號
TEL：03 5389165
WEB/FB：http://springpoolglass.com

PART 02
玻璃運用
設計達人

水相設計

ADD：台北市大安區仁愛路三段 24 巷 1 弄 7 號
TEL：02 27005007
EMAIL：info@waterfrom.com
WEB/FB：https://waterfrom.com

日作空間設計

ADD：桃園市中壢區龍岡路二段 409 號 1F ／
　　　台北市信義區松隆路 9 巷 30 弄 15 號
TEL：03 2841606 ／ 02 27666101
EMAIL：rezowork@gmail.com
WEB/FB：http://www.rezo.com.tw/

工一設計

ADD：台北市大安區仁愛路四段 122 巷 59 號
TEL：02 27091000
EMAIL：oneworkdesign@gmail.com
WEB/FB：https://www.facebook.com/oneworkdesign/

一它設計 iT DESIGN

ADD：苗栗市勝利里 13 鄰楊屋 20-1 號
TEL：03 7333294
EMAIL：itdesign0510@gmail.com
WEB/FB：https://www.facebook.com/It.Design.Kao/

兩冊空間設計

ADD：台北市大安區忠孝東路三段 248 巷 13 弄 7 號四樓
TEL：02 27409901
EMAIL：jeff@2booksdesign.com.tw
WEB/FB：https://2booksdesign.com.tw/

KC design studio 均漢設計

ADD：台北市松山區八德路四段 106 巷 2 弄 13 號
TEL：02 27611661
EMAIL：kpluscdesign@gmail.com
WEB/FB：http://www.kcstudio.com.tw/

FUGE 馥閣設計團隊

ADD：台北市大安區仁愛路三段 26-3 號 7 樓
TEL：02 23255019
EMAIL：hello@fuge-group.com
WEB/FB：https://fuge.tw/

湜湜空間設計 Shih-Shih Interior Design

ADD：台北市信義區永吉路 30 巷 12 弄 16 號
TEL：02 27495490
EMAIL：hello@shih-shih.com
WEB/FB：https://shih-shih.com/

浩室設計

ADD：桃園市桃園區同安街 570 號
TEL：03 3581067
EMAIL：kevin@houseplan.com.tw
WEB/FB：https://www.houseplan.com.tw

諾禾空間設計

ADD：台北市大安區信義路四段 30 巷 7 弄 1 號
TEL：0 2 27555585
EMAIL：noir.espace@msa.hinet.net
WEB/FB：http://noir.tw/#/home

太工創作設計

ADD：台中市南區福田一街 101 號
TEL：04 22651418
EMAIL：tai_cong_design@ymail.com
WEB/FB：https://taccreation.com/about/

林淵源建築師

ADD：台北市文山區羅斯福路五段 245 號 11 樓之 1
TEL：02 89319777

開物設計

ADD：台北市大安區安和路一段 78 巷 41 號 1 樓
TEL：02 27007697
EMAIL：aa.aheaddesign@gmail.com
WEB/FB：http://aheadconceptdesign.com/

相即設計

ADD：台北市松山區延壽街 330 巷 8 弄 3 號
TEL：02 27251701
WEB/FB：https://xjstudio.com

尚藝室內設計

ADD：台北市中山區中山北路二段 39 巷 10 號
TEL：02 25677757
WEB/FB ：https://www.sy-interior.com

游雅清空間設計

ADD：台北市信義區忠孝東路四段 559 巷 51 號
TEL：02 27649779
WEB/FB：http://yuyaching.com

沈志忠聯合設計

ADD：台北市松山區民生東路五段 69 巷 21 弄 14-1 號 1 樓
TEL：02 27485666
WEB/FB：https://www.x-linedesign.com/en/

漢玥設計

ADD：台中市西屯區台灣大道三段 402 號 2F
TEL：04 24529277
WEB/FB：http://hanyue-interior.com/about/

方尹萍建築設計

ADD：台北市大安區復興南路二段 125 巷 2 號 2 樓
EMAIL：adamas.archi@gmail.com

格式｜設計展策

ADD：台北市中山區龍江路 415 巷 20 號
TEL：02 25185905
WEB/FB：http://www.informat-design.com.tw

尚藝設計

ADD：台北市中山區中山北路二段 39 巷 10 號
TEL：02 25677757
WEB/FB：https://www.sy-interior.com

MATERIAL 12

玻璃材質萬用事典

從種類挑選到五金搭配、創意運用、工法解析，一次搞懂玻璃設計與知識

作者｜漂亮家居編輯部
責任編輯｜許嘉芬
文字編輯｜黃婉貞、陳婷芳、王馨翎、陳頵如、余佩樺、陳淑萍、張佳琇、鄭雅分、許嘉芬
美術編輯｜莊佳芳
攝影｜沈仲達、江建勳

發行人｜何飛鵬
總經理｜李淑霞
社長｜林孟葦
總編輯｜張麗寶
副總編輯｜楊宜倩
叢書主編｜許嘉芬

出版｜城邦文化事業股份有限公司 麥浩斯出版
地址｜104 台北市中山區民生東路二段 141 號 8 樓
電話｜02-2500-7578
傳真｜02-2500-1916
E-mail｜cs@myhomelife.com.tw

發行｜英屬蓋曼群島商家庭傳媒股份有限公司城邦分公司
地址｜104 台北市民生東路二段 141 號 2 樓
讀者服務電話｜02-2500-7397；0800-033-866
讀者服務傳真｜02-2578-9337
訂購專線｜0800-020-299（週一至週五上午 09:30～12:00；下午 13:30～17:00）
劃撥帳號｜1983-3516
劃撥戶名｜英屬蓋曼群島商家庭傳媒股份有限公司城邦分公司

香港發行｜城邦（香港）出版集團有限公司
地址｜香港灣仔駱克道 193 號東超商業中心 1 樓
電話｜852-2508-6231
傳真｜852-2578-9337
電子信箱｜hkcite@biznetvigator.com

馬新發行｜城邦〈馬新〉出版集團 Cite（M）Sdn.Bhd.（458372U）
地址｜11,Jalan 30D／146, Desa Tasik, Sungai Besi,
57000 Kuala Lumpur, Malaysia.
電話｜603-9056-3833
傳真｜603-9056-2833

總經銷｜聯合發行股份有限公司
電話｜02-2917-8022
傳真｜02-2915-6275

製版印刷｜凱林彩印股份有限公司
版次｜2020 年 6 月初版一刷
定價｜新台幣 499 元

國家圖書館出版品預行編目 (CIP) 資料

玻璃材質萬用事典：從種類挑選到五金搭配、
創意運用、工法解析，一次搞懂玻璃設計與
知識／漂亮家居編輯部作. -- 初版. -- 臺北
市：麥浩斯出版：家庭傳媒城邦分公司發行，
2020.06
　面；　公分. -- (MATERIAL；12)
ISBN 978-986-408-611-5(平裝)

1. 室內設計 2. 施工管理 3. 玻璃

441.52　　　　　　　　109008263